AF258595

COMTE DE FAUGÈRE

LA SCIENCE UNIVERSELLE

CRÉATION

DE

L'ÊTRE

ET DE

LA SUBSTANCE

LE MOI HUMAIN

BRIOUDE

IMPRIMERIE A. WATEL

1897

Cet Ouvrage fait suite à
l'*Anatomie et Physiologie de la Terre*,
du même auteur.

CRÉATION

DE L'ÊTRE ET DE LA SUBSTANCE

CRÉATION

DE L'ÊTRE ET DE LA SUBSTANCE

Cet Ouvrage fait suite à
l'*Anatomie et Physiologie de la Terre*,
du même auteur.

Comte de Faugère

LA SCIENCE UNIVERSELLE

CRÉATION

DE

L'ÊTRE

ET DE

LA SUBSTANCE

LE MOI HUMAIN

BRIOUDE

IMPRIMERIE A. WATEL

1897

PRÉFACE

*De même que chaque être, par son fonctionne-
ment vital, s'adjoint de nouveaux éléments pour
remplacer ceux qu'il perd par la désassimilation,
l'Être Infini, qui absorbe le Grand Tout des
êtres et des choses, doit, pour maintenir son existence intégrale, c'est-à-dire être toujours égal à
lui-même, remplacer les éléments dont le développement qualitatif ne répond plus à la fonction ou
situation qu'ils occupaient, par de nouveaux éléments capables de rétablir l'équilibre. Mais, comme
le Grand Tout ne peut rien rejeter ni prendre
hors de lui, il est donc nécessaire qu'il fasse naître
en lui-même ces nouveaux éléments au fur et à
mesure du déplacement de ceux désassimilés ; et,
d'autre part, comme l'origine de ces déplacements
réside dans le développement des êtres (lesquels
obéissent à la loi de Progrès qui veut que tout
monte et se perfectionne), ce sont ces êtres eux-
mêmes qui deviennent les instruments ou agents
de formation des éléments appelés à prendre leur
place dans le Grand Organisme Infini : c'est ainsi
que l'éternelle Création est le produit du fonctionnement de la Vie de Dieu.*

*Nous nous sommes efforcé, dans cette étude, de
faire ressortir, de rendre tangible, en quelque
sorte, les principes originels de la création première des êtres et de la substance, par l'explication du véritable sens de la vie sidérale ; les
astres, en effet, ne sont pas créés sans but, placés*

au hasard et forcés chacun d'obéir sans raison à des lois déterminées suivant leur nature : le Véritable Livre que Dieu a donné aux Hommes pour leur faire connaître sa loi, est donc écrit en caractères hiéroglyphiques dans les cieux.

Toutefois, pour bien saisir la description de la formation des premiers éléments constitutifs de l'Être et de la Substance, il est nécessaire de connaître l'organisme et le fonctionnement vital de l'astre terrestre, tel que nous l'avons étudié dans notre Anatomie et Physiologie de la Terre, car le plan terrestre est la limite de l'Infini, il est la base sur laquelle repose la Création pour retourner au Créateur, de qui elle vient : « La Terre est l'escabeau de ses pieds ».

Château de Faugère, par Brioude, le 9 avril 1897.

CRÉATION

DE L'ÊTRE ET DE LA SUBSTANCE

INTRODUCTION

L'espace qui s'élève au-dessus de nos têtes et que nous qualifions d'Infini, n'existe point par lui-même ; il n'existe dans l'Univers que des êtres de tous les règnes et de toutes les grandeurs possibles et imaginables et ce sont eux qui, par leur délimitation externe, déterminent l'espace. Il est bien évident que les êtres générateurs de l'espace qui nous environne, sont tous formés par une substance de même nature dont les molécules obéissent aux mêmes lois, puisque nous appliquons à nos observations de l'Univers les lois qui régissent notre matière terrestre ; mais si dans cet espace se meuvent d'autres êtres formés d'une substance dont les molécules obéissent à des lois absolument différentes de celles qui régissent la matière terrestre, ces nouveaux êtres, bien que paraissant vivre dans le même lieu, seront absolument étrangers aux précédents, ils s'ignoreront même mutuellement et détermineront ainsi, dans ce que nous considérons le même espace, deux espaces absolument distincts, séparés l'un de l'autre par une distance *incommensurable* quoique paraissant se confondre ; et si, à ces deux constitutions moléculaires d'êtres, nous en ajoutons une troisième, une quatrième et ainsi de suite, nous aurons, dans ce qui nous semble le même espace, autant d'espaces ou *plans* que de séries d'êtres, tous distincts, tous infinis par la succession infinie des êtres qui les déterminent respectivement. C'est qu'en réalité, ainsi que nous venons de le dire, ce que nous appelons l'espace n'est qu'un plan ou degré formé par des êtres de constitution moléculaire similaire, dans lequel ces êtres se meuvent ; et que chaque être étant porteur de l'Infini et pouvant, par conséquent, déterminer en lui toutes les séries de plans ou degrés correspondant à sa valeur qualitative, l'espace ou plan extérieur n'est qu'une apparence, reflet pour chacun du plan ou degré dans lequel il est dans sa personnalité intime, c'est-à-dire dans son *Moi.* C'est précisément parce que l'espace infini extérieur n'est que le reflet de l'Infini que chacun porte en soi, que nous pouvons avoir conscience de ce principe que l'Infini qui est en nous est aussi immense, aussi infini que celui qui est en dehors de nous ; or, comme ce qui est Infini renferme *Tout,* il s'en suit que Tout est en puissance dans tous les êtres ; ce que nous appelons l'Univers infini est donc partout, mais comme il ne peut y avoir qu'un seul Infini et que l'Infini est toujours égal à lui-même, tout se confond en réalité en une seule unité. Ce n'est donc pas la grandeur extérieure de l'être qui caractérise l'Infini et l'espace, mais sa qualité ou principe qualitatif qui seul peut lui permettre de créer les espaces ou plans, c'est-à-dire s'adjoindre les êtres réalisant ces plans, de façon à absorber, par son développement qualitatif, la série intégrale des êtres et des choses que comporte le grand Tout et dont chaque être possède en soi tous les germes. C'est à cet acquis qu'est due, pour certains êtres, la possibilité de voir, dans le plan extérieur, des réalités d'un ordre supérieur, lesquelles restent inaperçues pour la généralité.

Si l'être humain est parvenu à un état suffisant pour avoir conscience de lui-même, il lui manque cependant, pour avoir la claire perception de l'Infini, d'être porteur des plans comportant les lois, les vies et les principes essentiels de l'Etre intégral. En effet, les deux principes essentiels qui caractérisent l'Etre, le masculin et le féminin, sont divisés dans l'être humain. Comment, dès lors, l'être humain masculin pourrait-il concevoir l'Infini sans le principe féminin dont il est séparé? Et il en est de même de l'être humain féminin à qui manque le principe masculin. Quant aux lois qui régissent les plans différents du plan terrestre, l'homme, non seulement les ignore, mais encore il refuse systématiquement de chercher à les découvrir, sous prétexte qu'elles ne pourront jamais être connues : c'est le domaine du mystère exploité par les cultes religieux. Pour ce qui est des Vies, l'homme sait bien qu'il est porteur des vies minérales, végétales et animales, mais il ignore généralement qu'il y a d'autres modes de vies plus élevés que le sien, il se croit au sommet de l'échelle, tandis qu'il n'est qu'à un des premiers échelons : de là, la difficulté à se former une idée rationnelle de l'Infini et de l'écrasement qu'il éprouve en contemplant l'immensité extérieure où il place cet Infini.

Les Principes, les Lois, les Vies et les Germes ne seraient que de pures abstractions, des mots vides de sens, si l'on ne montrait leur réalité concrète ou substantielle réalisée par l'Etre qui *seul* manifeste, caractérise et personnifie les principes, les lois, les vies et les germes ; la valeur qualitative de l'être donnant seule aux principes, aux lois, aux vies et aux germes une activité ou une existence en rapport avec cette valeur. Il n'y a en effet et il ne peut y avoir dans l'Infini des espaces que des êtres de toutes les grandeurs imaginables, pouvant se mouvoir chacun dans le milieu que forment les êtres de grandeurs similaires, sans gêner ceux des grandeurs supérieures ou inférieures ; eux seuls, par conséquent, sont susceptibles de manifester tout ce qui est, quels que soient les noms que nous donnions à ces manifestations. Aussi, cet Univers si sublime, si grandiose, dans la Majesté que lui donne son immensité apparente, est en somme bien petit vu par les yeux de l'esprit, qui le contemplent tout aussi grandiose dans le plus petit atome que l'imagination puisse concevoir. Ce n'est donc pas l'immensité qui s'élève au-dessus de nos têtes que nous devons contempler si nous voulons concevoir l'Infini, mais celle incomparablement plus merveilleuse et plus infinie qui est en notre *Moi ;* c'est là qu'est l'espace infini, invisible et infranchissable pour tous les autres êtres en dehors de nous, qui est notre domaine particulier et qui, bien que limité extérieurement, contient intérieurement le principe de l'Infini et les germes du grand Tout, des êtres et des choses. C'est par la pensée seule de l'Etre que cet espace, *qui est lui-même,* est occupé ; c'est par sa pensée grandissant en intelligence et en amour que l'Etre arrive à se connaître et à voir en *lui,* en son *moi ;* c'est alors que l'être masculin et l'être féminin complémentaires l'un de l'autre, se réunissent pour former, par l'union des deux principes générateurs universels, l'Etre intégral, complet, régulateur Tout-Puissant de l'Infini qu'il recèle et dont il est le seul et unique Dieu.

CRÉATION DE LA SUBSTANCE

Substance terrestre ou humaine. — Si l'être est ce qui existe, ce qui vit — et il n'y a pas de vie sans être — la substance n'est que l'élément de résistance sur lequel s'applique la Vie, élément que l'être revêt pour se donner sa forme et manifester son existence ; d'où il résulte que la formation de l'Etre et celle de la substance sont corrélatives.

Pour bien saisir l'ordre de ces formations, il est nécessaire, tout d'abord, de remonter au principe moléculaire constitutif de toute substance, puisque, sans la substance qui représente le concret, l'être demeurerait une pure abstraction : ce principe moléculaire représente le centre de conjonction de la pensée affective, c'est-à-dire de l'amour d'un couple d'âmes complémentaires, masculine et féminine, il est par conséquent déterminatif de la *limite* ou du fini, sans lequel l'Infini lui-même ne saurait exister ; aussi nous donnerons à ce principe la dénomination de *moi-limite*.

Le principe moléculaire de la substance constitutive du plan terrestre émane du couple complémentaire humain, il est la vie rectrice ou principe recteur du germe d'astre, lequel germe est par conséquent le moi-limite du couple humain.

Nous avons expliqué dans notre *Anatomie de la Terre* (p. 20), en parlant des fonctions de reproduction astrale, comment se forment les germes d'astres polléniques et ovuliques ou masculins et féminins ; ces germes, premiers éléments de molécules, sont à un état d'avancement plus ou moins grand, suivant qu'ils sont plus ou moins rapprochés du point de fécondation et que le principe de vie qui les anime, c'est-à-dire son âme collective, est lui-même plus ou moins avancé. En effet, le germe destiné à devenir un astre, une planète, ne peut pas être constitué autrement qu'une planète, sauf que les éléments constituants doivent revêtir le caractère germinal. Or, nous avons vu (*Anatomie de la Terre*, p. 18) que la planète a une âme collective qui est son humanité, ainsi qu'un cerveau siège de la Direction générale planétaire ou Rayon divin, porteur de la loi divine, et un cervelet, résidence de l'âme corporelle astrale, instrument particulier pour la direction de la vie végétative astrale.

Le germe d'astre a donc pour âme collective, une minéralité ou agglomération d'âmes minérales, il est lui-même en définitive ce que nous appellerons *un astre minéral;* mais ce qui constitue l'état germinal, c'est l'état incomplet dans lequel se trouve chacun des germes, pollénique et ovulique, pris séparément, recélant chacun une part de vie dont la réunion produit la fécondation et fait cesser l'état germinal ou de division.

Ces divers éléments de vie se répartissent ainsi pour constituer le germe pollénique ou masculin et le germe ovulique ou féminin :

Le germe féminin contient, à l'état embryonnaire, les rudiments de l'organisme du futur astre, notamment le cerveau et le cervelet, formés ainsi que la partie matérielle du germe, par les divers types de la substance de l'astre qui produit les germes ; autour de ces rudiments organiques sont agglomérées les âmes minérales ou minéralité, âme collective du germe d'astre dont elle est le principe de vie, laquelle âme collective, en envoyant au cerveau rudimentaire, l'ensemble de ses rayons fluidiques, alimente le *moi-collectif germinal* qui reçoit sa direction du couple humain, celui-ci étant l'agent d'exécution inconscient des lois divines : c'est ainsi que le germe d'astre est le *moi-limite* du couple humain complémentaire. Le seul élément de vie qui manque au germe ovulique est l'âme corporelle devant siéger au cervelet, car si ce germe possédait, en outre des éléments vitaux ci-dessus une direction vitale corporelle, il contiendrait en lui tous ses principes de vie et n'aurait besoin d'aucun concours extérieur pour se développer.

Le germe masculin formé matériellement par la substance de l'astre qui le produit, ainsi que nous l'avons expliqué dans notre *Anatomie de la Terre,* possède comme unique élément de vie l'âme corporelle du futur astre, appelée à siéger au cervelet. Lorsque cette âme corporelle ou germe pollénique, qui est une âme minérale (masculine ou féminine), arrive à prendre dans l'organe cérébelleux, possession de la direction vitale corporelle du germe ovulique, celui-ci se trouve complété dans ses éléments de vie et perd son état germinal pour devenir graine d'astre.

Nous allons montrer maintenant que la formation et l'existence des germes d'astres, ainsi que les principes de vie qui les animent, ne sont pas seulement le produit de déductions analogiques, mais sont des réalités tangibles ; car si, pour le moment du moins, la vue corporelle humaine ne peut pas pénétrer dans le centre organique de la Terre pour y voir s'accomplir les fonctions de reproduction, il nous est possible de suivre, dans la grandeur puissantielle supérieure, certains actes de l'élément germinal formant la substance du plan terrestre dans lequel nous évoluons.

L'âme minérale, principe de vie des germes d'astres, est représentée à sa première étape dans la vie par un système solaire. Ce système nous apparait dans son ensemble comme une immense sphère transparente, formée de matière cosmique plus ou moins raréfiée, dans laquelle se trouvent, comme immergés, la Terre qui nous sert d'habitacle, ainsi que les planètes et astéroïdes de toutes dimensions, connus et inconnus, qui gravitent autour du Soleil, centre ou *Moi* dirigeant du *Cerveau* qu'est le système solaire. Ce cerveau animique, dont la substance constituante échappe aux regards, comporte des organes de facultés encore rudimentaires, et ces organes reçoivent leur activité fluidique spirituelle des astres humains, c'est-à-dire habités par des humanités comme l'est notre planète, qui les sillonnent et qui sont par conséquent les moteurs de l'organisme spirituel de cette jeune âme. Le Soleil en est le *Moi*; c'est lui qui centralise tous les fluides, toutes les forces vives du système ; il contient donc en réduction tous les éléments de l'ensemble de l'organisme cérébral qu'il dirige par son attraction : sans cette attraction régulatrice s'exerçant au centre du cerveau, toutes les forces constitutives de l'être s'échapperaient en tous sens et sa personnalité ne saurait exister.

Au moment où l'âme minérale est appelée à la vie, son organisme spirituel comporte un seul système solaire dont le Soleil, qui est de troisième ordre, est le Moi. Mais, en grandissant, l'âme voit son organisme se développer, chaque planète du système devient soleil tertiaire ayant chacun comme planètes leurs anciens satellites, ou astéroïdes : à cette deuxième période le *Moi* est un soleil secondaire, chef de tous les soleils tertiaires ; à la troisième période, les planètes de chaque système deviennent à leur tour soleils tertiaires, les soleils tertiaires se sont transformés en soleils secondaires, et le *Moi,* chef de tous ces Univers, est un immense soleil unitaire.

Les âmes minérales formant par leur agglomération la minéralité, principe de vie des germes ovuliques, ainsi que celles destinées à devenir âmes corporelles de ces germes ovuliques et constituant l'élément de vie des germes polléniques, sont suivant leur avancement, des âmes minérales dont le Moi est un Soleil 3e, puis un soleil 2e, et enfin un soleil unitaire.

En considérant, dans la grandeur puissantielle de l'élément moléculaire de notre plan d'existence, les forces et les mouvements que peuvent produire ces agglomérations de soleils, sources de vie, nous les voyons, imprimant la vie et le mouvement à la matière cosmique, substance matérielle, qu'ils rencontrent dans les espaces sidéraux et s'en enveloppant pour former, dans le plan supérieur à leur grandeur puissantielle, les groupements masculins et féminins constitutifs des germes d'astres (*Anatomie de la Terre*, p. 29).

Les germes d'astres, toujours en mouvement par les vibrations des organes de reproduction, se rendent aux foyers de leurs organes sexuels réciproques, puis au point de fécondation pour se réunir et former la graine d'astre : ce sont des comètes qui évoluent de soleils en soleils pour se rendre à leur destination ; nous les voyons encore dans différentes grandeurs puissantielles sous forme de nébuleuses ou d'amas d'étoiles. Certains germes sont en voie de fécondation, comme dans la nébuleuse des Chiens de Chasse où l'on voit les deux germes, pollénique et ovulique, reliés par leurs radiations fluidiques ; d'autres sont des germes polléniques, comme la nébuleuse elliptique de l'Hydre où l'on aperçoit une petite étoile, Moi d'une jeune âme minérale, entourée d'un anneau nébuleux gazeux qui est la partie matérielle du germe ; d'autres enfin, comme certains amas d'étoiles sont des germes ovuliques dont on ne voit que la minéralité ou agglomération d'âmes minérales — âme collective du germe ovulique. — En résumé, une région de nébuleuses représente, dans une grandeur puissantielle d'élément germinal constitutif d'un plan terrestre, un organe de reproduction astrale contenant la semence prolifique des Univers : C'est un centre de création de mondes, de création de germes d'âmes !

L'élément primordial de la substance de l'Univers visible ou plan terrestre est donc le germe d'astre que nous apercevons, avec ses éléments de vie, gravitant dans les cieux sous forme de comètes dans une grandeur et de nébuleuses dans une grandeur supérieure ; cette gravitation a lieu sous l'aspect purement mécanique dans les organes de reproduction planétaire où les groupements générateurs des germes paraissent résulter de mouvements perçus comme vibrations (*Anatomie de la Terre*) : l'Univers visible est donc uniquement le plan de formation des germes d'astres.

En définitive, la caractéristique de la substance terrestre est d'être formée, dans son élément moléculaire, de germes représentant les deux principes, masculin et féminin, entièrement séparés et dans un perpétuel effort de conjonction en un ; c'est cette condition de la molécule qui fait que les corps terrestres sont sollicités à l'acte sexuel ou rapprochement des sexes complémentaires pour la reproduction corporelle afin de perpétuer la *Vie* dans le plan terrestre, plan qui est toujours divisé dans son double principe de vie et qui cependant ne puise son existence que dans l'effort de conjonction des deux principes générateurs universels. En effet, dès que l'acte de fécondation, qui est la réunion des principes divisés en un seul agrégat formant la graine d'astre, est accompli, il résulte un autre mode de vie ou principe moléculaire générateur d'un mode de substance entièrement différente de celle formant le plan terrestre et que nous dénommons substance angélique, constitutive du plan ou monde angélique qui est l'autre monde par rapport à celui-ci.

Le principe moléculaire est le germe d'astre, moi-limite d'un couple humain ; mais comme les germes polléniques et ovuliques ne peuvent exister qu'en un astre humain, seul capable de produire des germes d'astres, il en résulte que l'unité moléculaire est forcément constituée par l'ensemble des astres moteurs de l'organisme spirituel d'une âme minérale, et cette molécule sera par conséquent susceptible de constituer des types de matière possédant des qualités et des intensités plus ou moins grandes, selon que l'âme minérale, dont l'astralité forme la molécule, aura comme *Moi* un soleil tertiaire, secondaire ou unitaire.

La matière terrestre *manifeste* l'état de repos ou d'inertie, c'est-à-dire d'inconscience, bien que les molécules exécutent des mouvements extrêmement rapides puisqu'elles sont formées par les astralités motrices d'âmes minérales, attendu que ces âmes sont inconscientes et incapables de formuler dans le plan extérieur aucun acte pensant : les êtres humains habitant les astres humains moteurs de l'organisme spirituel de l'âme minérale, qui sont les atomes fluidiques psychiques de cette âme, étant non seulement dans l'impossibilité de se communiquer de planètes à planètes et d'établir entre eux des liens de réelle solidarité pour former le courant fluidique psychique et le centraliser au Soleil ou Moi, mais encore inaptes, sur la plupart de ces planètes, à réaliser, par une organisation sociale harmonieuse, les fonctions fluidiques psychiques qui leur sont dévolues dans l'organe de faculté dont leur planète est le moteur particulier.

La Matière. — Le principe moléculaire et l'unité moléculaire sont les éléments générateurs de la substance, mais la substance, bien qu'étant l'origine de la matière n'est pas *encore* la matière, celle-ci procédant de la substance par les formes, qui sont la représentation extérieure des qualités de l'être dans un plan donné d'existence.

Dans le plan terrestre, la forme initiale de tous les types de matière est angulaire. L'âme minérale, en effet, n'étant pas individualisée, l'individualité ne pouvant résulter que de la conscience, la forme minérale n'est point personnelle à l'être minéral, elle n'est que le résultat de l'agglomération d'âmes minérales constituant et donnant la vie à un corps minéral. Ce corps puisant ses principes d'existence dans le plan terrestre dont l'origine résulte de la division des principes, masculin et féminin, de l'Etre — division formant la *limite* — le corps minéral reflète cette *limite* en prenant la forme angulaire sur toutes ses faces, construisant ainsi un type cristallin, premier élément de matière terrestre.

Les âmes minérales, dont les astralités motrices spirituelles constituent par leur agglomération un type cristallin, qui est leur corps collectif minéral, ne sont pas liées indéfiniment à ce corps ; chacune peut, à un moment donné, quitter ce corps pour faire partie d'un autre suivant ses développements qualitatifs, elle est alors remplacée par une autre âme minérale correspondant à la valeur du type cristallin, car en réalité chaque type cristallin est représentatif d'une qualité ou faculté de l'être, puisque chaque être est un élément de vie dans un organe de faculté. Ces déplacements des âmes minérales constituent dans le corps minéral, aussi bien que dans le corps humain, les assimilations et désassimilations formant les courants fluidiques.

Le plan de chaque type cristallin primitif étant dérivé d'une faculté de l'être, on comprend que chacun de ces types ait une signification spirituelle. La matière a donc un langage qui, pour ne pas être compris encore par l'humanité terrestre, n'en existe pas moins réellement : c'est ce langage cependant que nous saisissons intuitivement lorsque la matière fait naître en nous des sensations de tout ordre, agréables ou désagréables, par la vue, le goût, l'odorat, le toucher et surtout l'ouïe, par le son, dont les modulations harmoniques expriment des idées et émeuvent notre âme jusque dans ses replis les plus profonds.

L'individualité ne se dégage dans les formes terrestres que lorsque la Vie et la Conscience se sont suffisamment développées pour permettre à l'être de se reconnaître et de pourvoir seul, individuellement, à l'existence de son corps corporel ; jusque-là ce sont des associations de vies ou d'âmes, qui constituent la Vie des formes corporelles terrestres minérales, végétales et animales inférieures.

Les formes dans le plan terrestre tendent toutes à la forme humaine, puisque l'humanité génératrice du couple d'âmes complémentaires minérales est en effort perpétuel pour traduire la forme des éléments humains qui la composent, et qu'en outre l'*Ego supérieur* (1) de l'âme minérale est un être humain donnant *inconsciemment* au *Moi* minéral *inconscient* les directions tendant à la réalisation de sa propre forme. Mais la création corporelle terrestre s'arrête à la forme humaine, puisque le principe moléculaire constitutif de la substance terrestre émane seulement du couple humain.

Substance angélique (2). — La graine d'astre, dont nous avons expliqué la formation dans notre *Anatomie de la Terre* (p. 30), possède la série complète, quoique rudimentaire, des éléments de vie d'un astre, savoir : 1° son âme collective composée d'âmes végétales alimentant, par leurs radiations fluidiques au cerveau de la graine, le moi-collectif embryonnaire, lequel reçoit lui-même sa direction du couple complémentaire angélique, dont la graine d'astre est le moi-limite ; 2° son âme corporelle qui est une âme végétale.

Dans la période germinale, l'âme corporelle est toujours séparée du corps du futur astre qu'elle est appelée à vivifier, par conséquent la fécondation ou formation de la graine d'astre coïncide avec la transformation de l'âme minérale en âme végétale. Cette graine, qui est un *astre végétal* résidence d'une végétalité, est l'élément moléculaire d'un autre mode de substance que nous appelons angélique, et désormais, quels que soient les genres de substances de plus en plus raffinées résultant d'éléments moléculaires plus parfaits, par suite du développement qualitatif de l'astre végétal appelé à devenir astre animal, puis

(1) Nous expliquons plus loin l'origine de l'*Ego* ou *Conscient supérieur*.

(2) Les termes d'angélique, archangélique et déitaire, expriment une plus-value qualitative, et n'impliquent, pour nous, aucune idée de relation avec un culte religieux quelconque. Nous n'employons ces termes, comme l'a fait M. d'Anglemont dans son remarquable ouvrage, l'*Omnithéisme*, que pour ne pas avoir à créer de mots nouveaux, qui, peut-être, étant données les idées acquises, rendraient, de prime abord, moins bien à l'esprit, la valeur que nous voulons attribuer à l'être et à la substance, par les expressions empruntées à la hiérarchie céleste.

astre humain, tous ces modes de substance, quoique offrant entre eux des degrés en plus ou moins-value, possèdent dans leur élément moléculaire primitif les principes masculins et féminins unifiés, ce, qui les différencie *radicalement* de la substance terrestre où ces deux principes sont constamment divisés.

En expliquant, dans notre *Anatomie et Physiologie de la Terre*, les fonctions de reproduction chez une planète, nous avons dit que lorsque les germes masculins et féminins se sont fécondés pour former les graines d'astres, celles-ci sont projetées hors de la planète et lancées dans l'atmosphère. Ces graines au moment de leur éclosion sont des corpuscules qui accomplissent leur révolution autour de l'astre qui les a produits, et si la Terre, trop jeune, comme nous l'avons remarqué dans notre précédente étude, n'a pas encore engendré de graines mûres, il n'en est pas de même de certaines planètes de notre système, notamment de Saturne, la merveille du monde solaire, planète plus avancée que la nôtre et dont l'anneau corpusculaire est la preuve vivante des vérités scientifiques nouvelles que nous énonçons.

Les premières graines produites par la planète entourent celle-ci d'une ceinture équatoriale qui va en s'élargissant, par l'accroissement de volume des graines ou corpuscules composant l'anneau, et par l'adjonction des nouvelles graines projetées hors de l'utérus planétaire, aussi longtemps que l'astre est dans sa période de fécondation. En s'élargissant progressivement, les anneaux finissent par envelopper totalement le globe ; la planète est alors mûre pour sa transformation en soleil ou période solaire qui est celle de la germination des graines produites par la planète. Nous expliquons plus loin comment s'opère cette transformation.

Chaque grain lumineux qui flotte dans la *photosphère* solaire est donc une graine d'astre, moi-limite d'un couple angélique, élément primordial moléculaire de la substance angélique ; mais la graine d'astre n'étant dans son complet développement que dans la calotte externe ou photosphère d'un soleil, il en résulte que l'unité moléculaire angélique est formée par l'ensemble des soleils tertiaires, secondaires et primaires, gravitant autour d'un ancien soleil unitaire ayant transformé sa substance constituante terrestre ou substance angélique, et devenu ainsi astre angélique, *moi* d'une jeune âme végétale : en résumé, l'unité moléculaire de substance angélique est représentée par l'astralité motrice de l'organisme spirituel d'une âme végétale.

La substance angélique la plus grossière est formée par des unités moléculaires comportant un seul astre angélique, *moi* d'âme végétale ; mais les soleils de cette astralité spirituelle végétale primitive, se transforment en astres angéliques au fur et à mesure du développement de l'âme végétale, représentant alors une unité moléculaire capable de constituer une substance angélique de qualité supérieure.

Il est facile de comprendre, après les explications que nous venons de donner, comment la matière angélique peut passer au travers de la matière terrestre sans aucune difficulté, en envisageant l'écartement moléculaire considérable que présente la substance angélique par rapport à la substance terrestre ou humaine ; on voit clairement aussi comment ces deux modes de substances peuvent former, dans ce que l'on considère le même espace ou plan, deux plans d'existence, absolument différents et séparés quoique paraissant se confondre.

Substance archangélique. — Lorsque la graine d'astre, après avoir accompli sa germination, est lancée dans les espaces sidéraux pour être attachée à un nouvel astre comme satellite, elle est un astéroïde, résidence d'êtres animaux qui forment son âme collective ; c'est donc un astre animal, moi-limite du couple archangélique qui donne au moi-collectif astral la direction intelligente. L'âme corporelle de l'astéroïde est une âme animale.

Il est évident que les principes de vie de l'astéroïde étant supérieurs à ceux de la graine d'astre, la substance archangélique, dont il est l'élément primordial moléculaire, est supérieure qualitativement à la substance angélique. Cette nouvelle substance a son unité moléculaire représentée par les astres moteurs de l'esprit de l'âme animale et forme, dans le même espace ou plan, un nouveau plan de vie supérieur aux précédents.

Substance déitaire-humaine. — L'astéroïde grandit et au moment où commence à apparaître une humanité primitive qui est son âme collective, il devient planète ou astre humain, *moi-limite* d'un couple *déitaire-humain :* son âme corporelle est une âme humaine (1).

La planète se développe parallèlement à son humanité et, lorsque celle-ci est devenue harmonieuse, la

-----

(1) Ainsi se justifie cet aphorisme de Swedenborg : « La Terre est un homme ».

planète se transforme en soleil. Voici comment s'opère cette transformation : Nous avons expliqué plus haut, en parlant de la substance angélique, la façon dont se forme, par la production des graines d'astres expulsées de l'utérus planétaire, la calotte externe qui enveloppe la planète solaire interne. Celle-ci a subi, en même temps, un développement qualitatif dans sa constitution organique et vitale sous l'influence de son humanité ou âme collective dirigeante devenue humanité harmonieuse, et de l'âme humaine supérieure qu'est devenue son âme corporelle. Les matériaux, composant le corps de l'astre, rénovés par les fonctions de nutrition (fonctions que nous avons décrites dans l'*Anatomie de la Terre*, p. 23), ont acquis des qualités moléculaires modifiant la constitution de leur substance primitive et lui communiquant dans sa partie même solide des propriétés qui, sur notre Terre, appartiennent aux gaz. En un mot, la substance de la planète solaire ou globe interne du soleil est gazeuse-solide, gazeuse-liquide et gazeuse-gazeuse, et c'est dans les lois se rapportant aux phénomènes de l'équilibre des gaz qu'il faut rechercher celles qui régissent la matière terrestre solaire. Ainsi, par exemple, ce qui sur notre terre est une exception, comme le mercure, métal liquide, et l'ammonium, métal gazeux, est au contraire la loi générale chez les planètes plus élevées où les métaux revêtent tous, à la température normale, l'état liquide dans les astres ayant acquis le développement de Saturne, et l'état gazeux dans les planètes solaires.

Il est facile du reste de se faire une idée de ces différences qualitatives de la substance en se reportant aux unités moléculaires qui la constituent ; il est évident, en effet, qu'une âme minérale, au *Moi* soleil tertiaire, représentera une unité moléculaire de qualité inférieure, capable seulement de former une substance lourde et grossière par rapport à celle que générera une unité moléculaire provenant de l'astralité d'une âme minérale au *Moi* soleil secondaire, et celle-ci sera cependant inférieure à celle que formera l'unité moléculaire supérieure représentée par l'innombrable quantité de soleils dépendant d'un soleil unitaire, *Moi* d'une âme minérale à son plus haut développement.

Le fonctionnement vital, chez la planète ainsi transformée, s'accomplit normalement ; les grands bouleversements qui désolent encore notre Terre ont cessé, plus de tremblements de terre, d'éruptions volcaniques, d'ouragans et autres cataclysmes ; les fonctions organiques corporelles astrales se simplifient et laissent la prédominance au fonctionnement vital fluidique. La zone de feu, outre qu'elle a perdu de sa puissance calorique destructive, a diminué de volume ; d'autre part, l'eau de la zone aquatique, au lieu de monter à la surface de la planète, *uniquement* sous la pression de la zone de vapeur comme chez la Terre, accomplit des fonctions de circulation plus complètes sous l'influence de la vie fluidique astrale. Le système nerveux, en effet, ayant développé ses ramifications dans la zone aquatique en même temps que les fonctions fluidiques sont devenues plus normales et plus actives, les courants électriques, dont ces nerfs sont les conducteurs, décomposent l'eau dans ses éléments constituants et produisent l'hydrogène et l'oxygène qui s'échappent par les fissures et les tubulures que nous avons décrites pour la Terre. Des masses d'hydrogène s'élèvent rapidement dans l'atmosphère et atteignent la calotte sphérique externe formée de graines d'astres au contact desquelles il s'enflamme : *C'est ainsi que naît un nouveau soleil.* La combustion de l'hydrogène produit des gouttelettes d'eau qui retombent en une buée imperceptible jusque sur la planète solaire, laquelle, étant entretenue dans un état d'humidité régulier et constant avec chaleur uniforme, se couvre d'une végétation luxuriante et paradisiaque. Les masses d'oxygène montent également dans l'atmosphère pour remplacer au fur et à mesure de la combustion hydrogénique, l'oxygène dépensé par cette combustion. La circulation aquatique s'accomplit, de cette façon, normalement dans toutes les parties du soleil, tant internes qu'externes.

La calotte ou soleil externe formé de corpuscules, graines d'astres, présente dans certaines parties des éléments de résistance plus ou moins grande figurant les trois états, solide, liquide et gazeux, et constituant une charpente *relativement solide* qui sert de point d'appui à cet ensemble excessivement mobile. C'est dans cette partie relativement solide que s'emmagasinent et se mélangent les masses d'hydrogène et d'oxygène qui produisent par leurs brusques combinaisons les explosions solaires.

Les graines d'astres ou *grains lumineux*, qui forment le soleil externe, accomplissent leur période de germination dans ce milieu où elles trouvent, avec la chaleur indispensable à toute germination, les éléments primordiaux nécessaires à leur développement matériel, l'oxygène et l'hydrogène, auxquels s'adjoignent les différents types de matière de la planète solaire à l'état de division extrême, puisque ce sont des particules de vaporisation.

L'énergie solaire ne pourrait cependant se maintenir par l'effort seul de sa vie intérieure que nous venons

de décrire, la dépense de fluides, notamment du fluide
calorique, que le soleil fait au profit de tous les astres
de son système et des systèmes stellaires l'aurait
depuis longtemps épuisé, si cette dépense d'énergie
ou de fluides n'était compensée par les apports fluidiques que ces astres lui effectuent en retour sous
forme de comètes, qui sont des âmes minérales ou
fluides minéraux. C'est du reste l'application de la loi
de solidarité qui veut que chacun donne à tous, avec
ce corollaire que la collectivité est redevable envers
l'individu.

Les grosses comètes que nous apercevons sont des
fluides appropriés à la grandeur puissantielle atomique
des systèmes solaires considérés dans leur unité d'être
animique minéral ; ce sont elles qui mettent en communication les soleils entre eux ; toutefois, ces comètes
n'étant pas de grandeur puissantielle en rapport avec
les planètes de notre système, elles ne font point partie
comme êtres minéraux des courants fluidiques affectant
ces planètes (1), lesquelles empruntent en effet, dans leurs
relations fluidiques avec le soleil, des comètes, atomes
flaidiques, de grandeur puissantiellement inférieure.

C'est par la transposition des grandeurs fluidiques
que les astres se font entre eux et font aux êtres dont
ils sont la résidence, que ceux-ci peuvent apercevoir
l'univers sidéral. Ainsi, par exemple, si nous voyons le
Soleil, c'est parce que la Terre, être vivant, nous le
montre en mettant ses fluides visuels en communication avec les nôtres, lesquels, autrement, ne pourraient
avoir aucun rapport possible avec ceux du Soleil, étant
donné la différence de leur grandeur puissantielle
réciproque ; pour la même cause, nous ne pourrions
apercevoir les étoiles si le Soleil ne faisait cette transposition fluidique avec notre planète (2).

(1) Ceci explique la cause qui fait que les planètes ne sont aucune-
ment affectées par le voisinage d'une comète.

(2) C'est ce qui explique que le ciel devient plus noir et le soleil plus
terne, à mesure que l'on s'éloigne du centre vital fluidique terrestre en
s'élevant dans l'atmosphère, ainsi que le constatent les aéronautes ; et
s'il était possible de s'élever suffisamment pour que l'action fluidique
terrestre ne fût plus ressentie, le soleil deviendrait invisible et l'on
serait plongé dans une obscurité absolue.

Il en est de même de l'action des fluides caloriques terrestres,
puisque l'on constate que la température s'abaisse à mesure que l'on
s'élève, c'est-à-dire que l'on se rapproche du Soleil, ce qui serait en
contradiction avec les lois de transmission de la chaleur, si la planète
n'était elle-même l'instrument au moyen duquel nous percevons la
chaleur solaire.

C'est également par cette fonction de vie fluidique astrale qu'il est
possible d'expliquer que des planètes comme Jupiter et Saturne manifestent des états de température bien supérieure à celle que leur
éloignement du Soleil leur permettrait de recevoir d'après les données
scientifiques actuelles.

Mais quelles que soient les grandeurs puissantielles des comètes, atomes fluidiques, qui, à chaque seconde, se précipitent sur le soleil par myriades, sous forme de courants fluidiques, on comprend que ces courants, composés de comètes de tous ordres et de toutes grandeurs doivent donner à cet astre une grande part d'activité.

En même temps que les graines effectuent leur développement embryonnaire, la substance matérielle du soleil interne opère dans toutes ses molécules un développement analogue, c'est-à-dire que les germes d'astres, principes moléculaires constitutifs de la substance du soleil interne, deviennent aussi des graines d'astres et lorsque celles-ci, principes moléculaires de substance angélique, arrivent à être plus nombreuses que les molécules de substance terrestre, la vie matérielle et fluidique du soleil commence à décroître ; dès lors la production des phénomènes physiques et chimiques, que nous avons décrits comme étant la cause efficiente du calorique de la zone externe, se ralentit ; les graines d'astres ou grains lumineux, qui étaient maintenues à l'état incandescent par la combustion hydrogénique, se refroidissent par suite de la cessation de cette combustion, et la lumière et la chaleur du soleil décroissent pour finir par disparaître complètement : Le Soleil est devenu un astre angélique.

Le résidu planétaire solaire non transformé en substance angélique, est brisé et rejeté pour aller, sous l'aspect de diverses formes météoriques, alimenter une dernière fois les astres dont il a été, pendant une longue genèse, le protecteur et le dispensateur de toute vie.

Les graines d'astres, devenues de jeunes astéroïdes, qui forment la zone externe solaire, n'étant plus maintenues dans leur ensemble unitaire par l'attraction solaire centrale, cette calotte externe se disloque au moment de la désagrégation du résidu solaire interne et les jeunes astéroïdes, subissant les lois de la gravitation universelle, sont dispersés dans les espaces sidéraux où des astres plus considérables les saisissent au passage et se les attachent comme satellites.

Mais, si le soleil terrestre a disparu aux regards des êtres terrestres, la direction qu'il imprimait à tous ses systèmes multiples, loin de cesser, continue au contraire en devenant plus normalement, plus intelligemment active, puisqu'elle procède d'un mode de vie supérieur : c'est le *centre invisible*, astre angélique, Moi d'une âme végétale, autour duquel gravitent les innombrables quantités de soleils formant les trois séries d'ordre solaire.

Cette transformation n'a lieu, en effet, que chez les

soleils unitaires, car les soleils secondaires et à plus
forte raison, les soleils tertiaires comme le nôtre, ne
sont pas développés dans leurs principes moléculaires
constituants, pour accomplir cette métamorphose
transcendante ; par conséquent l'humanité peut se
rassurer sur le sort de l'astre du jour, qui, loin d'être
en voie d'extinction, deviendra au contraire un soleil
plus considérable et plus éblouissant ; mais comme son
développement sera également qualitatif, sa lumière
et sa chaleur se manifesteront par des actions toujours
plus douces et plus agréables.

L'astre humain, dont nous venons d'expliquer les
diverses phases d'évolution, est le principe moléculaire
d'une substance éminemment supérieure que nous
appelons *Substance déitaire-humaine*, dont l'unité
moléculaire est représentée par l'ensemble des astres
moteurs de l'organisme spirituel de l'âme humaine.

Substance déitaire-angélique. — L'astre angélique
ainsi formé, est le *moi-limite* d'un couple complémentaire déitaire-angélique ; son âme corporelle est une
âme angélique.

La transformation d'un soleil unitaire ou astre terrestre, en astre angélique, ne s'accomplit point subite-
ment, en soubresaut, mais insensiblement par une
lente évolution, au fur et à mesure du développement
et de l'élévation des êtres composant son âme collective, depuis sa naissance comme germe d'astre. Il faut
donc voir, avec la formation d'un germe d'astre, la
création simultanée d'un premier rudiment d'astre
angélique ; celui-ci, qui pénètre le germe et se confond
avec lui, est le *médium* au moyen duquel ce germe,
moi-limite d'un couple humain, reçoit la vie de son
principe-recteur. Il est suffisamment reconnu aujour-
d'hui que chaque être humain — (ainsi que les êtres
de tous les règnes, d'ailleurs) — émet autour de lui
une auréole ou sphère fluidique qui l'enveloppe et dont
des particules s'échappent pour se joindre notamment
au grand courant fluidique collectif planétaire, dont
nous avons montré l'existence dans notre *Anatomie
de la Terre*. L'âme qui est l'être réel, dans sa véritable
personnalité, émet une auréole semblable, d'où partent
les courants fluidiques affectifs qui vont donner la vie
rectrice au *moi-collectif embryonnaire* du germe
d'astre ; mais ce *moi-collectif*, étant constitué seulement par des fluides minéraux, ne pourrait pas recevoir
l'action directe des fluides animiques humains, sans
l'intervention de l'astre rudimentaire angélique qui
sert de médium de communication entre le couple
complémentaire humain et le germe d'astre. C'est un

acte de transposition de fluides, analogue à celui que
nous avons expliqué ci-dessus, au moyen duquel la
Terre met en relations fluidiques les êtres humains
dont elle est la résidence, avec le Soleil et l'Univers
sidéral, avec cette différence que la Terre sert de
médium pour faire communiquer, dans le même plan,
des grandeurs puissantielles inégales, tandis que le
rudiment astral angélique est un médium entre des
plans d'existence différents.

La Terre, indépendamment de l'astre angélique
embryonnaire qui la pénètre et qui provient d'un
commencement de transformisme de certaines de ses
molécules constituantes, est entourée d'un astre angélique complètement formé, *Moi* d'une âme végétale.

La structure de cet astre angélique, bien que rappelant celle de notre planète (*Anatomie de la Terre*,
p. 6), présente cependant des différences résultant de
la constitution de la substance angélique. Cet astre
comporte neuf zones concentriques, dont la première,
comme celle de la Terre, est représentée par une
sphère creuse, appelée ventricule central du globe
angélique.

La IIe zone sert d'enveloppe au ventricule central et
les sept autres zones se superposent en s'enveloppant
réciproquement, mais elles sont toutes séparées entre
elles par un espace relativement considérable, occupé
par l'air atmosphérique angélique qui circule et pénètre
dans tout l'intérieur du globe. Dans l'*Anatomie de la
Terre* nous avons vu, aux fonctions de respiration
(p. 27), une organisation analogue dans les fissures de
la tubulure à son passage à travers chaque zone,
lesquelles correspondent à d'autres fissures communiquant à des cavités ou poches éparses dans l'intérieur
des zones, pour permettre à l'air de circuler et de
vivifier tout le corps planétaire.

Au milieu du ventricule angélique se trouve donc la
Terre avec son embryon angélique, lequel comporte
trois zones ou régions séparées par une atmosphère
d'air angélique et se confondant avec la planète terrestre.

La première, qui est la plus basse de ces régions,
correspond à la zone de feu, la deuxième, à la zone
d'eau, et la troisième, à la zone d'air, qui est la surface
terrestre. Ces trois zones forment, avec les neuf zones
du globe angélique, douze régions concentriques,
entièrement séparées et dont les supérieures sont inac-
cessibles pour les êtres qui résident dans les régions
inférieures : Tel est le monde où nous entrons en
mourant ; nous expliquerons d'ailleurs, ultérieurement,
dans une étude spéciale, les diverses conditions de vie

dans ce milieu, ainsi que les actes au moyen desquels s'opère le classement ou jugement des êtres humains à leur arrivée dans l'autre monde.

Les organes essentiels de l'astre angélique sont, comme pour la Terre : le cerveau, le cervelet, le cœur, les organes récepteurs des fluides sexuels, les nerfs, avec cette différence caractéristique que le cerveau, le cervelet et le cœur, au lieu d'être logés dans le ventricule central qui est leur protecteur chez la planète terrestre, sont au contraire situés dans la neuvième zone du globe angélique, sous la surveillance immédiate des anges de la douzième région.

L'astre angélique, *Moi d'âme végétale*, est le principe moléculaire de la *substance déitaire-angélique*, dont l'unité moléculaire est représentée par les astres moteurs de l'organisme spirituel de l'âme angélique.

Substance déitaire-archangélique. — L'astre angélique, sous l'impulsion de son âme collective qui est l'angélité, se transforme en astre archangélique, *Moi* d'une âme animale et *moi-limite* d'un couple déitaire-archangélique ; son âme corporelle est une âme archangélique.

Le globe angélique que nous venons de décrire, comporte dans le plan supérieur un rudiment archangélique, comme la Terre possède un rudiment angélique, mais ce n'est là que le commencement de transformation archangélique du globe angélique. L'astre archangélique complet, Moi-animal, est construit comme un astre angélique, mais avec plus de perfection ; il renferme dans son ventricule central tous les astres angéliques dans le ventricule desquels se trouvent les planètes du système solaire. Le cerveau, le cervelet et le cœur, sont placés dans la zone supérieure du globe archangélique sous la surveillance des archanges.

En résumé, chaque astre moteur de l'organisme d'une âme minérale est dirigé par un astre angélique dans le ventricule duquel il est placé ; tout système solaire, comprenant l'astralité motrice minérale avec les astres angéliques qui la dirigent, est contenu dans le ventricule d'un globe archangélique ; or, comme les astres moteurs de l'organisme d'une âme minérale forment l'unité moléculaire de la substance terrestre, il est évident que tout astre de mode terrestre comporte, outre un rudiment angélique, un rudiment archangélique qui le pénètre et fait un avec lui, puisqu'il est inhérent à chacune de ses molécules constituantes.

L'astre archangélique, moi-limite du couple déitaire archangélique, est le principe moléculaire de la substance déitaire-archangélique, dont l'unité moléculaire est représentée par les astres moteurs de l'âme archangélique.

Substance divine. — L'ensemble des systèmes solaires tertiaires, secondaires et primaires dépendant d'un ancien soleil unitaire transformé en astre angélique ou *Moi* d'âme végétale, est représentatif, dans un plan supérieur, d'une réunion innombrable de *Moi* d'âmes animales ou astres archangéliques, puisque chaque système solaire est renfermé dans le ventricule central d'un astre archangélique. Cet ensemble d'astres archangéliques comportant les trois plans, terrestre, angélique et archangélique, est lui-même placé dans le ventricule d'un nouvel astre qui est l'astre déitaire-humain, *Moi d'une âme humaine* et *Moi-limite* d'un couple complémentaire divin-naturel ; son âme corporelle est un être déitaire-humain.

L'astre déitaire-humain ou Moi-humain, est le principe moléculaire de la substance divine-naturelle, dont l'unité moléculaire est représentée par l'astralité motrice de l'organisme spirituel de l'âme déitaire-humaine. — (Voir ci-après, page 25, le *Tableau sériaire des éléments constitutifs de la Substance Intégrale*).

TABLEAU SÉRIAIRE
DES ÉLÉMENTS CONSTITUTIFS DE LA SUBSTANCE INTÉGRALE

NATURE OU MODES DE SUBSTANCES	PRINCIPES OU ÉLÉMENTS PRIMORDIAUX CONSTITUTIFS DE LA SUBSTANCE	UNITÉ MOLÉCULAIRE CONSTITUTIVE DE LA SUBSTANCE	PRINCIPE DE VIE DE L'ÉLÉMENT MOLÉCULAIRE OU MOI-LIMITE	AME CORPORELLE DU MOI-LIMITE OU ÉLÉMENT MOLÉCULAIRE
Substance terrestre ou humaine.	Germes d'astres ou astres minéraux.	Astralité spirituelle de l'âme minérale.	Couple complémentaire humain.	Ame minérale.
Substance angélique.	Graines d'astres ou astres végétaux.	Astralité spirituelle de l'âme végétale.	Couple complémentaire angélique.	Ame végétale.
Substance archangélique.	Astéroïdes ou astres animaux.	Astralité spirituelle de l'âme animale.	Couple complémentaire archangélique.	Ame animale.
Substance déitaire-humaine.	Astres humains.	Astralité spirituelle de l'âme humaine.	Couple complémentaire déitaire-humain.	Ame humaine.
Substance déitaire-angélique.	Astres angéliques.	Astralité spirituelle de l'âme angélique.	Couple complémentaire déitaire-angélique.	Ame angélique.
Substance déitaire-archangélique.	Astres archangéliques.	Astralité spirituelle de l'âme archangélique.	Couple complémentaire déitaire-archangélique	Ame archangélique.
Substance divine-naturelle.	Astres déitaires-humains	Astralité spirituelle de l'âme déitaire-humaine	Couple complémentaire divin-naturel.	Ame déitaire-humaine.
Substance divine-spirituelle.	Astres déitaires-angéliques.	Astralité spirit. de l'âme déitaire-angélique.	Couple complémentaire divin-spirituel.	Ame déitaire-angélique.
Substance divine-céleste.	Astres déitaires-archangéliques.	Astralité spirit. de l'âme déitaire-archangélique.	Couple complémentaire divin-céleste.	Ame déitaire-archangélique.
Substance divine-divine.	Astres divins.	Astralité spirituelle de l'âme divine.	Couple complémentaire divin-divin.	Ame divine.

CRÉATION DE L'ÊTRE

L'astre est la représentation vivante de la loi qui constitue une collectivité d'êtres en une unité parfaite. Cette loi, qui fait que les êtres sont attachés à un astre pour mener la vie collective, n'est pas arbitraire et sans un but que l'on a pu ignorer, mais qui n'est pas moins réel, car tout dans l'Univers existe en vue d'une fin déterminée, laquelle est ici la création des êtres ou des âmes.

L'âme, qui personnifie l'être, est un organisme qui n'a pas la vie en *soi*, elle est seulement capable de la manifester : cette vie lui est donnée par le principe masculin, si c'est une âme masculine, et par le principe féminin, si c'est une âme féminine. Mais ce principe n'est pas une abstraction qui équivaudrait à la non-existence, il est une réalité concrète formée par l'émanation fluidique spirituelle des êtres résidant en un astre sous la forme sociale collective. Les fluides des êtres masculins de cette collectivité, forment le principe masculin d'une âme masculine ; les fluides des êtres féminins de cette même collectivité constituent le principe féminin d'une âme féminine. Ces deux âmes sont donc réellement complémentaires l'une de l'autre, elles sont *deux âmes sœurs*, puisqu'elles seules sont capables, par leur union, de représenter l'unité astrale collective d'êtres dont elles émanent; aussi l'on comprend que ces deux âmes complémentaires, qui sont les deux fractions d'un *Tout*, soient liées pour l'Éternité, quoique représentant dans le plan extérieur une dualité d'existence. Là est la cause, la claire explication de l'amour transcendant, du pur et véritable amour, unique et vrai bonheur, auquel aspirent les âmes d'élite ; amour qui est réellement la vie de l'Être, puisque l'intensité grandissante de cet amour le conjoint davantage avec son complémentaire, et que cette conjonction, les rapprochant toujours plus de la source unique de leur vie commune, facilite en chacun d'eux une plus complète réception de cette Vie. C'est dans la recherche mutuelle incessante, consciente ou inconsciente, des âmes complémentaires que réside la cause du mouvement universel qui est la Vie universelle ; par conséquent, lorsque deux âmes sœurs sont assez élevées pour se reconnaître et que l'une dit à l'autre : « Tu es mon amour, tu es ma vie ; je t'aimais déjà sans te connaître, *mais grâce à Dieu je te connais et je t'aime, et je t'aime pour l'éternité, car ce qui finit est trop court !* » ce n'est pas une image poétique, mais l'expression d'une absolue vérité.

L'âme minérale. — La première étape de l'âme appelée à la vie est la minéralité, elle est âme minérale, représentée par un système solaire dont le Soleil est le *Moi*, et les astres humains du système, les moteurs de l'organisme spirituel. Mais comme le Moi synthétise et résume la personnalité animique, le premier germe de l'âme se confond en réalité avec le germe d'astre ; or, comme le principe de vie fécondant le germe ovulique est une âme minérale ou germe pollénique, il s'en suit qu'un couple complémentaire d'âmes minérales, masculine et féminine, représentatif d'une collectivité astrale humaine harmonieuse, féconde deux germes d'astres, chacun *Moi germinal* de deux germes d'âmes complémentaires dont ce couple d'âmes minérales est le premier centre de conscience future.

Le Soleil, Moi-minéral, reçoit comme nous l'avons dit plus haut : 1° sa direction intelligente, agissant sur le Moi-collectif astral, du couple complémentaire déitaire-humain dont ce *Moi* est la *mâle ;* et 2° sa direction vitale corporelle, d'une âme humaine, Ego ou conscient supérieur par conséquent de l'âme minérale dont il est le *Moi ;* mais si le Moi, ainsi que les astres humains moteurs de l'organisme spirituel, étaient dépourvus d'êtres humains ou esprits, capables comme tels de manifester l'*esprit*, il manquerait à l'âme l'essence ou fluide spirituel, elle serait un organisme sans vie. Ce fluide spirituel, composé d'âmes humaines, émane d'une collectivité astrale humaine harmonieuse vivant en un astre solaire ; les fluides des êtres masculins de cette collectivité vont à l'âme minérale masculine et ceux des êtres féminins à l'âme féminine : les fluides de chaque être sont masculins et féminins il est vrai, mais à prépondérance masculine chez l'homme et à prépondérance féminine chez la femme. Ces fluides étant formés d'âmes humaines, nous tirerons cette conclusion que notre apparition et notre disparition sur la Terre sont des résultantes de l'émission fluidique de la collectivité humaine, principe de vie de l'âme minérale au sein de laquelle nous vivons et dont chacun de nous est un des atomes fluidiques psychiques d'une fraction de son organisme spirituel.

Une collectivité astrale humaine harmonieuse exprime donc : 1° l'*unité* d'être, celui-ci considéré dans sa personnalité qui est son Moi ; et 2° la *dualité* de principe, figurée par le couple minéral masculin et féminin dont cette collectivité est la source de vie.

Nous disons que la collectivité astrale humaine est le principe de vie du couple minéral, cependant il faut remonter plus haut pour trouver la cause première ou impulsion directrice, véritablement créatrice, par conséquent, de ces deux âmes complémentaires. La raison d'être, en effet, de la collectivité humaine ou la loi de son existence collective astrale consiste dans le fait même de l'existence de l'astre ; or, le principe de cette existence réside, comme nous l'avons montré en parlant de la substance, dans le couple dont cet astre est le moi-limite, lequel, en ce qui concerne un astre humain, est un couple déitaire-humain. C'est donc en réalité, le couple déitaire-humain qui est le créateur du couple minéral, celui-ci étant son image ou reflet dans le plan terrestre.

De même que chaque molécule de notre corps est éliminée et remplacée par d'autres, sans que l'être corporel soit détruit, chaque être humain, élément de vie d'une âme minérale, est déplacé et remplacé par d'autres, sans que cette âme soit atteinte dans sa personnalité. Au contraire, au fur et à mesure que les êtres grandissent dans leurs facultés, ils opèrent la sélection des éléments spirituels de leur organisme animique, en rejetant les éléments devenus inférieurs pour les remplacer par des éléments capables de répondre à leur propre développement ; par conséquent, notre phase de vie terrestre est liée au développement qualitatif de l'âme minérale dont nous sommes les éléments spirituels. Il en est de même dans l'astre angélique, Moi-végétal, qui nous reçoit à la mort et où nous sommes également appelés à accomplir une mission d'élément de vie dans une cellule organique sociale ou organe de faculté de ce nouvel être. Tous nos efforts doivent donc tendre sans cesse à développer l'ensemble de nos facultés sensorielles, affectives et intellectives, pour être un jour aptes à remplir des fonctions de vie dans une âme supérieure ; sinon, nous serons toujours rejetés dans la géhenne pour servir d'aliment spirituel à une âme inférieure, corrélative à notre propre valeur. Ainsi s'explique cette parole de l'Évangile : « Cherchez donc premièrement le royaume et la justice de Dieu et toutes ces choses vous seront données comme par surcroît ».

Notre planète n'est encore qu'un *Moi-germinal*, et son humanité arriérée ne peut être représentée, en ses deux principes masculins et féminins, que par deux germes d'âmes complémentaires. Mais dans une humanité solaire harmonieuse et surtout dans les mondes au-dessus du plan terrestre, les êtres surhumains habitant ces mondes, comprennent les fonctions qui leur sont dévolues comme principe de vie de deux âmes complémentaires et comme éléments spirituels de la pensée de l'âme au sein de laquelle ils vivent ; aussi leur organisation sociale tend constamment à l'unification de plus en plus profonde des membres de la collectivité : 1° pour correspondre à la fusion des deux âmes complémentaires dont ils sont la source vitale spirituelle ; 2° pour permettre à l'âme, dont ils sont les agents fluidiques dans un organe de faculté, de produire sa pensée de plus en plus consciente et intelligente dans le domaine de cette faculté.

C'est ainsi que ces collectivités supérieures ont pour objectif constant de produire des actes sociaux qui sont des actes spirituels toujours plus parfaits, dont la répercussion immédiate est de répandre sur chacun des membres de la collectivité la plus grande somme de bonheur possible. Il faut donc bien se persuader qu'il n'y a pas deux manières de vivre : l'une laïque et l'autre religieuse, il n'y a que la vie, individuelle et sociale, selon la Vérité ; tout autre, quelle que soit sa dénomination, relève de l'erreur.

Dans le *Moi* qui concentre en lui tous les éléments de la personnalité, l'organisme spirituel est formé par la pensée sociale collective, il est l'*acquis* intellectuel, moral et artistique de l'Humanité, il est ce que nous pouvons résumer par ce mot : l'*Idée* de l'humanité, idée qui se transforme et se modifie sans cesse il est vrai, par les éléments qui la produisent et la constituent, lesquels sont constamment renouvelés ; mais si ces éléments fluidiques atomiques, qui sont les êtres humains, modifient cet organisme, chacun d'eux en subit également l'action, avant de lui faire subir son contingent de modification. Cette action s'exerce par l'éducation première, l'influence du milieu, la suggestion sociale ou atmosphère psychique au sein de laquelle nous vivons, et qui fait sentir son influence sur tous les êtres ; rares sont les privilégiés à la personnalité assez fortement constituée, suffisamment intelligente et consciente d'elle-même, pour restreindre cette action et lui assigner la limite au-delà de laquelle elle n'est plus qu'oppressive et détériorante de l'âme de l'individu.

Cette atmosphère psychique qui est l'Idée concrétée de l'Humanité, est vraiment l'organisme du moi animique, et matérielle à sa manière dans le plan de la substance animique, puisqu'elle est le produit de la pensée collective sociale et que tout acte pensant détermine une forme substantielle représentative de l'idée émise. Dans le plan terrestre, en effet, lorsque l'être humain a conçu une idée, celle-ci n'est qu'une abstraction, tant qu'il ne l'a pas concrétée en la représentant dans une forme matérielle; dans le plan animique humain, formé de substance déitaire-humaine, l'action est analogue, sauf que l'âme agit ici directement sur la matière constitutive de ce plan qui est le sien, tandis que sur le plan terrestre, elle agit par l'intermédiaire des organes de substance terrestre qu'elle s'est adjointe en prenant un corps terrestre humain.

On comprendra facilement le mécanisme de cette action psychique si, se référant à ce que nous avons dit ci-dessus au sujet de la matière terrestre qui manifeste l'état d'inertie, reflet de l'inconscience de l'âme minérale dont l'astralité motrice forme son unité moléculaire, on voit, par analogie, la matière déitaire-humaine montrer une activité en rapport avec celle de l'âme consciente humaine, dont l'astralité motrice spirituelle constitue l'unité moléculaire de la substance déitaire-humaine; et si, d'autre part, on considère que les fluides de la pensée humaine sont formés par les êtres déitaires-humains résidant sur les astres déitaires-humains de l'âme, notamment au Moi, et que ces êtres peuvent non seulement se communiquer d'astres à astres, mais encore se rendre sur les astres de leur règne tant dans l'âme où se trouve leur résidence astrale que dans d'autres âmes, s'ils en sont sollicités par le Moi, établissant ainsi des communications fluidiques psychiques entre les êtres, on s'expliquera aisément que les fluides spirituels, sous l'impulsion de l'acte pensant émané du Moi, pourront construire avec rapidité, au moyen de la matière déitaire-humaine, douée elle-même de motilité, les formes représentatives des idées émises.

C'est ainsi également que se transmet la pensée en organisant en forme ce qu'elle veut représenter, ou plus directement, si les âmes qui veulent se communiquer ont une volonté et une élévation supérieures, en mettant en relation fluidique les deux *Moi*, c'est-à-dire que les déitaires-humains du Moi de l'une se rendent directement au Moi de l'autre pour lui communiquer la pensée à transmettre. Nous voyons maintenant comment s'accomplit l'union des deux âmes complémentaires, de *moi* à *moi* d'abord, et d'astralité à astralité spirituelle ensuite, lorsque le couple est entré dans le règne angélique, par leurs fluides affectifs formés d'êtres déitaires-angéliques, lesquels, en une communion toujours plus profonde, arrivent à ne faire qu'une seule résidence de l'astralité de ces deux âmes complémentaires angéliques : « *Ainsi ils ne sont plus deux, mais une seule chair* ».

De ce qui précède, il ressort clairement que la Terre n'est et ne peut être qu'un *moi-germinal*, puisqu'elle ne peut pas encore posséder un organisme spirituel, entièrement parachevé. La collectivité humaine, en effet, loin d'être unifiée, est au contraire animée, aussi bien entre nations qu'entre individus, de sentiments hostiles, égoïstes, générateurs de pensées discordantes et mauvaises ; en conséquence l'*Idée* sociale collective est diffuse, incohérente, incapable de se traduire en forme normale, constitutive des organes de facultés du *moi*.

Chaque astre faisant partie de l'astralité motrice d'une âme, possède un organisme spirituel analogue à celui du *moi;* mais, tandis que dans le Moi chaque Société ou Nation représente plus particulièrement l'organe ou fraction d'organe de faculté dont elle est l'instrument de formation par sa Pensée nationale collective, la collectivité résidant en l'astre moteur ne représente, dans l'ensemble de son organisme spirituel, qu'un organe ou fraction d'organe de faculté de l'âme, correspondant au même organe de faculté du Moi.

Malgré que l'être, au moyen des éléments spirituels et organiques que nous avons décrits ci-dessus, possède en soi la force spirituelle ou vie et la substance ou résistance sur laquelle s'applique cette force, son âme aurait seulement la pensée intérieure sans communication avec le monde ou milieu extérieur, la volonté passive sans la possibilité d'exécution, si elle ne se créait, en correspondance avec chacun de ses organes de facultés, des organes extérieurs ou membres corporels capables d'agir extérieurement sous l'impulsion de l'organisme intérieur. C'est ainsi que l'âme se construit, avec les éléments intérieurs de sa propre substance, un organisme susceptible de la mettre en relation avec le domaine de la vie extérieure.

L'âme minérale, étant formée de substance dont le principe moléculaire est le germe d'astre, est une âme terrestre et ne peut exister que dans le plan terrestre ; celui-ci, d'ailleurs, n'est uniquement constitué dans son unité moléculaire que par l'âme minérale, c'est-à-dire par son astralité motrice spirituelle. D'autre part, cette âme étant à sa première étape dans la vie, n'a aucun acquis à manifester extérieurement, elle serait donc absolument passive, incapable même de progresser, sans les liens de la solidarité qui font intervenir les êtres des règnes supérieurs au règne minéral pour aider celui-ci à s'élever, comme les plus âgés aident les plus petits à faire leurs premiers pas dans la vie. Notre condition terrestre doit, par conséquent, nous apparaître comme étant non seulement un moyen pour nous-mêmes d'acquérir une expérience nécessaire à notre propre développement, mais encore pour aider dans la voie ascendante les êtres des règnes inférieurs.

L'âme minérale est donc corps et âme ou âme corporelle, elle est l'âme de tous les corps terrestres, et c'est dans cette évolution à travers les formes corporelles qu'elle acquiert les éléments de progrès qui la font arriver âme végétale, lorsque le soleil unitaire, *moi* d'une âme minérale supérieure, ayant fini de transformer sa substance constituante en substance angélique, devient un astre angélique, *moi* d'une nouvelle âme végétale.

L'évolution des formes corporelles ne peut se produire que sous l'impulsion de la Vie, c'est-à-dire de l'Etre porteur de cette vie ; mais les êtres végétaux, animaux et humains ne sauraient donner leurs formes respectives à la matière terrestre, sans l'intermédiaire des êtres minéraux ou fluide minéral sans lequel la matière terrestre ne peut être actionnée ; aussi, c'est par des agglomérations ou collectivités d'âmes minérales réparties dans tous les centres organiques que les êtres végétaux, animaux et humains actionnent leurs corps terrestres. C'est ainsi que chez l'Homme, chaque organe reçoit son activité d'un puissant soleil unitaire qui commande à tous les soleils sous ses ordres, ceux-ci transmettant, dans toutes les parties du corps correspondant à cet organe, la série de tous les fluides ou êtres minéraux porteurs de la vie, pour pourvoir, par voie d'échange, au remplacement des atomes constitutifs, des molécules corporelles qui ne répondent plus à la qualité de ces molécules (fonctions d'assimilation et de désassimilation). Les soleils unitaires mettent tous les organes en relation en se communiquant entre eux par les fluides ou comètes de la grandeur puissantielle en rapport avec la leur, sur lesquelles ces soleils exercent réciproquement leur action attractive et répulsive, qui est l'inspiration et l'expiration animique. Tous ces soleils unitaires, représentant une innombrable quantité d'univers, sont chacun sous la direction des astres angéliques appartenant à l'organisme du corps angélique humain au moyen duquel l'âme humaine s'incarne dans une forme terrestre. La volonté humaine, émanant du *moi* animique, peut donc, si elle est assez puissante, provoquer dans le corps terrestre, par l'intermédiaire des astres de l'organisme du corps angélique, des assimilations et désassimilations particulières, destructives d'un état morbide et réparatrices de lésions organiques.

En résumé, la forme humaine terrestre se compose de trois principes, qui sont : 1° la forme matérielle ou corps matériel ; 2° la forme fluidique — résultant des courants fluidiques que tous les soleils des centres organiques envoient dans toutes les parties du corps ; 3° la forme lumineuse — dessinant tous les centres organiques, et composée de tous les soleils répartis dans chaque organe ainsi que des courants fluidiques ou comètes qui les relient entre eux.

Ces trois principes correspondent à ce que le Bouddhisme ésotérique appelle :

Rupa — corps matériel,

Jiva — qui est la forme fluidique,

Linga sharira — qui est la forme lumineuse.

Ces deux derniers éléments constituent également le *Nephesh* de la Kabbale.

Lorsqu'à la mort, les soleils des centres organiques sont abandonnés dans leur direction astronomique par les astres angéliques du corps angélique de l'âme humaine, les formes, fluidique et lumineuse, qu'ils constituaient, quittent le cadavre et se désagrègent. Mais cette désagrégation ne s'accomplit pas instantanément, surtout chez la plupart des humains de notre Terre ; les soleils unitaires des centres organiques ressentent encore plus ou moins longtemps l'influence dirigeante des astres angéliques correspondant, ce qui permet à ces formes de conserver l'aspect de l'être humain qu'elles représentaient.

Ces ombres ou larves, pendant qu'elles sont ainsi en relation avec le corps angélique du mort, peuvent se faire l'écho plus ou moins fidèle de sa pensée ; en outre, les esprits habitant les régions inférieures du monde angélique peuvent s'emparer de ces formes et les empêcher de se dissoudre, en leur donnant un regain de vie au moyen de leurs fluides angéliques, ce qui leur permet de produire certaines apparitions et d'accomplir des manifestations et communications le plus souvent matérielles et grossières. Telle est la cause qui fait que les communications médianimiques, dites à effets physiques, sont en général grotesques, dépourvues d'intérêt et inutiles, si parfois elles ne sont pas nuisibles par le tissu d'erreurs qu'elles entretiennent.

Les âmes supérieures se dépouillent immédiatement de ces formes de substance terrestre et lorsqu'elles communiquent avec les vivants, c'est uniquement par des voies spirituelles.

A leur désagrégation définitive, la forme fluidique se joint au courant fluidique impersonnel astral, apportant ainsi à la planète un nouvel élément de vie *(Anatomie de la Terre)*, tandis que les soleils de la forme lumineuse sont attirés par l'âme corporelle qui s'en empare *(Anatomie de la Terre, p. 10)*. C'est ainsi que s'établit le lien entre l'âme corporelle de l'astre et le *Moi-animique* que représente cet astre ; or, dans le *Moi-minéral*, qui est un soleil, l'âme corporelle, nous l'avons déjà dit, est une âme humaine, par conséquent cette âme humaine est l'ego supérieur, le centre de conscience intime de l'âme minérale. Le lien entre *cette conscience* et le *moi* s'établit par le courant fluidique constitué par les formes lumineuses des humains solaires, et, comme ceux-ci sont les fluides psychiques du *moi*, il y a donc relation directe entre l'être personnifié par son *moi*, et sa conscience. Mais, indépendamment que l'être humain n'a pas encore acquis la connaissance nécessaire à l'accomplissement de cette fonction transcendante — lui-même a assez de difficulté, d'ailleurs, pour trouver son point de conscience personnelle et se mettre en rapport avec elle — la communication du *moi minéral* et de *sa conscience* ne s'accomplissant que par un lien inconscient et impersonnel (puisque la conscience et la personnalité sont absentes de ces formes fluidiques), il résulte que l'âme minérale est bien une âme inconsciente.

L'âme végétale. — L'âme minérale devient âme végétale lorsque son *moi*, soleil unitaire, s'est transformé en astre angélique, résidence d'une angélité. Il est évident que sous l'action de ces éléments fluidiques supérieurs, le *moi* peut se construire quelques rudiments de facultés et lorsque, d'un autre côté, les astres moteurs de l'organisme animique sont devenus eux-mêmes des astres angéliques, résidences d'anges fluides psychiques de cet organisme, les relations, entre les facultés de l'âme et celles correspondantes du *moi*, peuvent commencer à s'établir et provoquer une première apparition de vie personnelle qui est la vie végétale ou automatique.

L'âme végétale se construit des rudiments d'organes corporels de matière angélique, correspondant à ses facultés animiques embryonnaires, afin de manifester celles-ci dans le plan angélique, qui est le plan dont son astralité motrice est l'unité moléculaire de substance. Ces organes corporels angéliques, quoique aussi rudimentaires que les facultés qu'ils représentent, permettent cependant aux âmes végétales de se communiquer réciproquement leur pensée naissante, et c'est en vertu de ce germe de faculté pensante, que la matière angélique manifeste une certaine motilité qui lui donne, même dans sa plus grande fixité, des propriétés rappelant celles qui n'appartiennent qu'aux gaz dans la matière terrestre. De même, en effet, que des masses gazeuses, soumises à une force constante leur donnant une forme déterminée, conservent pendant la durée de cette force des propriétés leur permettant de subir certaines actions extérieures sans être détruites ni déformées, la matière angélique qui forme les organes corporels angéliques, étant soumise à une force constante qui est le fonctionnement vital de l'être qu'elle constitue corporellement, ne peut subir aucune action extérieure destructive : le corps angélique ne peut ainsi être ni déformé, ni détruit *par une action extérieure*.

Les âmes végétales, dont l'astralité motrice est en partie formée de soleils terrestres, subissent facilement l'attraction des fluides de la substance terrestre : les deux plans d'existence étant contigus ; chez celles dont l'astralité motrice est entièrement formée d'astres angéliques, la sollicitation terrestre se produit également par les fluides de la substance du corps végétal angélique, dont l'unité moléculaire est formée d'âmes végétales, à l'astralité motrice composée de soleils de mode terrestre. C'est en vertu de ces attractions, que des agglomérations d'âmes végétales s'associent pour déterminer les formes végétales terrestres auxquelles elles donnent la vie.

La collectivité génératrice du double principe de vie, masculin et féminin, du couple complémentaire végétal, est une angélité ou réunion d'anges vivants sur un astre angélique, et comme cet astre est le moi-limite d'un couple déitaire-angélique, il en résulte que ce couple déitaire-angélique est l'archétype du couple complémentaire végétal : celui-ci est donc son image ou reflet dans le plan formé par la substance angélique. D'autre part, le *moi-végétal* étant également un astre angélique dont l'âme corporelle est une âme angélique, cet être angélique est l'ego ou conscient supérieur de l'âme végétale.

Les relations entre le *moi-végétal*, dont les fluides psychiques sont des anges, et l'Etre angélique représentant le conscient, bien qu'étant supérieures à celles que nous avons observées chez le minéral, sont encore trop vagues pour déterminer un sentiment de conscience réalisé ; l'ange lui-même, centre de conscience, ne possède pas encore la pleine connaissance lui permettant de répondre à toutes les sollicitations du *moi;* dans ces conditions, l'être végétal est à un degré de vie consciente que nous qualifions seulement *d'automatique.*

L'ange, représentant l'ego supérieur d'une âme

végétale, réside en un astre angélique où il est un atome fluidique du courant fluidique spirituel, employé pour l'exercice d'une des facultés animiques végétales. Cette âme végétale étant, par conséquent, le reflet de cette faculté dans le plan de la substance angélique, le végétal terrestre représente, dans sa forme corporelle, l'ensemble des qualités auquel correspond l'agglomération des âmes végétales lui donnant sa vie corporelle terrestre; et comme, ainsi que nous venons de l'expliquer, l'âme végétale est l'image, dans le plan angélique, de son archétype déitaire-angélique, il s'en suit que chaque végétal a, selon son espèce, une signification particulière au moyen de laquelle la pensée divine s'exprime en un langage que nous comprenons fort peu, mais dont nous avons cependant une vague intuition, car lorsque nous disons que la nature parle à notre âme, c'est bien le langage des végétaux et des minéraux que nous entendons.

Cette science de la signification spirituelle des êtres de tous les règnes, dont chacun a un sens correspondant à un élément de formulation de pensée, est encore inconnue de l'Humanité; mais un jour viendra où l'esprit humain se jetant dans la voie que nous traçons, fera cette découverte grandiose : les hommes entreront alors en communication directe avec leur créateur « *et chacun d'eux n'aura plus besoin d'en-* « *seigner son prochain et son frère en disant : Con-* « *naissez le Seigneur, parce que tous me connaî-* « *tront* ».

L'âme animale. — L'âme végétale devient âme animale lorsque son *moi*, astre angélique, s'est transformé en astre archangélique, résidence d'une archangélité. Sous l'influence de ces éléments fluidiques psychiques d'essence plus élevée, le *moi*, dont l'ego ou conscient supérieur et intime est un archange, commence à ressentir, surtout dans les espèces supérieures du règne, des possibilités de manifestation d'existence personnelle donnant à l'être animal une condition de vie pensante que nous appellerons *instinctive*.

La collectivité génératrice d double principe, masculin et féminin, donnant la vie à un couple complémentaire animal, est une archangélité composée des archanges résidant sur un astre archangélique; et comme cet astre est le *moi-limite* d'un couple déitaire-archangélique, il en résulte que ce couple déitaire-archangélique est l'archétype du couple complémentaire animal : celui-ci est donc son image ou reflet dans le plan d'existence formé par la substance archangélique.

L'âme animale développe ses organes ou membres

corporels dans le plan extérieur correspondant à sa substance animique, au fur et à mesure de la progression de ses facultés pensantes ; c'est ainsi que lorsque, dans les espèces supérieures du règne, l'animal possède un organisme de facultés sensorielles, suffisamment complet, il se trouve en possession de membres corporels de substance angélique, capables de lui permettre de se manifester individuellement dans une forme corporelle du plan terrestre. Cette possibilité n'est acquise à l'âme animale que lorsque ses astres moteurs spirituels, angéliques à l'origine, se sont tous transformés en astres archangéliques, parce qu'alors seulement les fluides psychiques, qui sont des archanges, sont capables de formuler la pensée sensorielle en reliant les organes de facultés animiques avec les organes de facultés correspondants du Moi ; jusque-là l'âme animale, classée dans les espèces inférieures du règne, ne peut être qu'une portion de vie dans une forme animale collective terrestre.

Les attractions terrestres sollicitent l'incarnation de l'âme animale dans une forme terrestre, par la contiguïté des fluides de la substance terrestre et des fluides angéliques du corps angélique animal.

L'âme humaine. — Lorsque l'âme animale a atteint son maximum de développement par la transformation de son *moi* en astre déitaire-humain, elle possède dans sa personnalité intime, par les déitaires-humains dont le *moi* est la résidence, des éléments fluidiques psychiques qui émanent *immédiatement du Divin* et la classent à un degré suréminent, par rapport au règne animal dans lequel elle ne recevait *le divin que médiatement*, par les Archanges de son Moi-animal. Par ce transformisme, elle entre dans l'humanité, elle est âme humaine, bien rudimentaire encore, ayant conservé tous les instincts égoïstes et cruels de l'animalité, car son astralité motrice spirituelle est formée seulement par des astres archangéliques, moi-animaux, mais elle contient l'étincelle divine, étant l'image de son archétype divin qui est le couple divin-naturel dont le moi-limite est l'astre déitaire-humain, résidence de la déité-humaine génératrice du double principe masculin et féminin, vie des deux âmes complémentaires humaines ; enfin, elle possède la *conscience*, réalisée par l'être déitaire-humain, son *ego supérieur*, l'ami que chacun possède en soi, qui ne nous trompe pas, que nous ne consultons jamais en vain, ni assez et dont, hélas ! nous ne nous efforçons que trop souvent d'étouffer la voix : Telle est l'âme humaine, laquelle, lors de ses premières phases d'existence terrestre, anima les formes humaines primitives, qui montrent leurs vestiges, nos propres dépouilles, dans les couches géologiques du globe.

L'âme humaine perfectionne ses organes corporels extérieurs au fur et à mesure du développement de ses facultés ; au moyen de ses fluides animiques, elle modifie le rudiment corporel qu'elle possède dans le plan de la substance archangélique et au moyen des fluides archangéliques de ce rudiment archangélique, elle transforme son corps angélique animal en corps angélique humain, reflet de ses facultés pensantes humaines ; c'est enfin par les fluides de ce corps angélique qu'elle est en rapport avec les fluides de la substance terrestre, dont elle subit encore l'attraction et dans le plan de laquelle elle vient accomplir des phases d'existence aussi bien pour son instruction personnelle, comme nous l'avons déjà dit, que pour aider par son contact immédiat les règnes inférieurs à s'élever jusqu'au sien.

Ces phases périodiques de vie terrestre durent aussi longtemps que l'âme n'a pas su se débarrasser de toute corporéité de substance angélique, dont les fluides contigus aux fluides terrestres l'obligent à subir l'attraction de ces derniers : attraction contre laquelle elle ne peut, ni ne désire même, lutter, car, peu faite pour la vie de l'esprit, elle ne conçoit comme vrai bonheur que les joies grossières de la vie terrestre.

Ce n'est que par le développement suffisant et équilibré de toutes ses facultés sensorielles, affectives et intellectives que l'âme acquiert : 1° l'*Art*, qui lui fait désirer une esthétique véritablement harmonieuse et plus élevée que celle que lui offre le plan terrestre ; 2° l'*Amour*, qui lui dévoile que le vrai bonheur ne peut exister que dans l'union de plus en plus profonde des deux âmes complémentaires, union permettant seule de constituer une société astrale unifiée, génératrice du bonheur social ; 3° et enfin l'*Intelligence*, qui lui ouvre les portes de la vraie science, au moyen de laquelle elle s'affranchit des suggestions de Satan ou de l'Erreur terrestre. Alors, l'âme voit clairement en elle et hors d'elle ; elle aperçoit les liens que lui ont créés de nombreuses pérégrinations à travers le plan terrestre d'où elle émane, et par la connaissance des lois qui régissent l'être et la substance, elle brise, par sa volonté consciente, les dernières chaînes fluidiques la reliant au terrestre pour s'élever toujours plus haut, jusque dans le plan d'existence de l'unité divine : « *La mort a été absorbée par la victoire* ».

La forme humaine angélique se compose, de même que la forme terrestre, de trois principes :

1° La forme matérielle angélique — ou corps angélique ;

2° La forme fluidique angélique — résultant des courants fluidiques que tous les astres angéliques des centres organiques envoient dans toutes les parties du corps angélique ;

3° La forme lumineuse angélique — dessinant tous les centres organiques et composée de tous les astres angéliques répartis dans chaque organe, ainsi que des courants fluidiques qui relient ces astres entre eux.

Ces deux derniers éléments correspondent au *Kama-rupa* bouddhiste ou au *Ruach* de la Kabbale et constituent, dans le composé humain, les 4e et 5e principes de l'homme.

A l'incarnation, qui est la mort angélique, l'âme se débarrasse de son corps angélique, mais elle reste attachée aux deux formes lumineuses et fluidiques angéliques, par l'intermédiaire desquelles se fait la prise de possession des astres solaires terrestres de la forme lumineuse du fœtus, au moyen des astres angéliques de la forme lumineuse angélique : les astres angéliques, ainsi que nous l'avons expliqué, donnant chacun leur direction vitale à l'astre terrestre placé dans leur *ventricule*. C'est du reste également, comme nous l'avons déjà dit, par la direction que les astres archangéliques impriment aux astres angéliques placés dans leur ventricule que l'âme humaine, par son astralité motrice spirituelle, composée encore en grande partie d'astres archangéliques (1), donne la vie rectrice à sa forme lumineuse angélique, et par les astres angéliques de celle-ci, à la forme lumineuse terrestre animant son corps terrestre.

L'âme angélique. — Lorsque l'âme humaine a transformé son *moi* en astre déitaire-angélique, elle devient âme angélique. Elle est une âme supérieure, puisqu'elle reçoit ses éléments de vie d'une collectivité déitaire-angélique résidant en un astre déitaire-angélique, moi-limite du couple divin-spirituel, dont le couple complémentaire angélique est l'image.

La conscience de l'Ange est très élevée, puisque les rapports entre les éléments fluidiques pensants de son *moi*, qui sont des déitaires-angéliques, et son *ego* ou conscient supérieur, qui est un être déitaire-angélique,

(1) Nous rappellerons que les astres moteurs de l'organisme spirituel d'une âme, ne se transforment en astres de la même nature que celle du *Moi*, q d'après la transformation complète de celui-ci, par conséquent le transformisme de toute cette astralité est d'une très longue durée, celle-ci correspondant à la période d'évolution de l'être dans le règne où son *Moi* le classe.

peuvent s'établir très facilement en raison des conditions de vie transcendante du règne déitaire-angélique; aussi l'Ange entend constamment la voix de sa conscience à laquelle il est toujours docile.

Malgré sa valeur, l'Ange n'est pas encore totalement affranchi de toute attraction terrestre; sa forme lumineuse angélique, bien que composée d'astres angéliques très développés, constitue toujours un lien attractif pour les fluides de la substance terrestre, l'obligeant à accomplir, quoique à intervalles très écartés, des phases de vie terrestre. Ce n'est que lorsque les astres angéliques de cet organisme se sont tous et complètement transformés en astres archangéliques, que le lien terrestre est complètement brisé et que l'âme est libérée.

L'âme archangélique. — Cette libération est le fait de l'âme archangélique, dont le *moi* est un astre déitaire-archangélique et l'ego ou conscient supérieur, un être déitaire-archangélique.

Cette âme reçoit ses éléments de vie d'une collectivité déitaire-archangélique résidant en un astre déitaire-archangélique, moi-limite d'un couple divin-céleste, dont le couple complémentaire archangélique est l'image.

L'âme archangélique se crée des membres corporels ou corps archangélique correspondant à ses organes de facultés animiques, afin d'actionner la matière constitutive du plan archangélique dans lequel elle vit. Ce corps est composé des trois principes représentés par les formes matérielles, fluidiques et lumineuses archangéliques; mais, comme elles ne sont qu'une transformation qualitative de la forme lumineuse angélique par suite du transformisme des astres angéliques de celle-ci en astres archangéliques, et que, d'autre part, les formes fluidiques et matérielles angéliques n'étaient que des résultantes de la forme lumineuse angélique, il ne serait ni exact, ni rationnel, de faire figurer les trois formes archangéliques parmi les principes du composé humain.

L'âme déitaire-humaine. — L'âme archangélique devient âme déitaire-humaine, par la transformation de son *moi* en astre divin-naturel.

Cette âme reçoit ses éléments de vie d'une collectivité divine ou divinité résidant en un astre divin-naturel, moi-limite du couple divin-divin, dont le couple déitaire-humain est l'image.

L'ego ou conscient supérieur de l'âme déitaire-humaine est un être divin-naturel, les fluides pensants du moi sont également des êtres divins-naturels ; or, quelles que soient les différences de grandeurs puissantielles dans la constitution moléculaire de la substance animique divine, ces différences n'étant pas qualitatives et la qualité seule constituant la véritable grandeur de l'âme, toutes les grandeurs puissantielles divines se communiquent, formant ainsi un seul plan divin.

La personnalité intime du déitaire-humain est donc en communication directe avec l'essence divine, bien que son âme, dont l'astralité motrice spirituelle est encore formée en partie d'astres archangéliques, la relie au plan non-divin.

L'âme déitaire-humaine, archétype de l'âme humaine qu'elle représente dans toute sa puissance de vie, est indépendante de tous membres corporels. L'unité moléculaire de la substance qui forme le plan déitaire-humain étant l'âme humaine, le déitaire-humain actionne directement cette substance par ses fluides animiques, sans qu'il lui soit nécessaire de s'adjoindre aucun membre corporel. Toutefois, l'âme pour exercer sa vie dans le plan d'existence extérieur, s'est construite, en les perfectionnant à chaque étape de sa longue évolution, des organes sensoriels extérieurs correspondant aux organes de facultés animiques, ceux-ci formant dans leur ensemble le cerveau de l'âme que protège l'enveloppe crânienne sur la face de laquelle les organes sensoriels extérieurs sont plus particulièrement localisés. Cet ensemble, qui constitue la Tête, résume et délimite l'âme, c'est-à-dire l'être extérieurement, il est la forme extérieure ou matérielle animique.

L'âme humaine, telle qu'elle apparaît aux regards de la pensée, est donc un organisme qui manifeste la vie, mais qui ne la possède pas en *soi* : l'unique vie de tous les êtres étant dans l'*unité divine*. Elle est un composé de quatre principes qui sont :

1° *La forme extérieure animique* ou corps de l'âme ;

2° *La forme organique spirituelle,* représentée par le *moi* et les astres moteurs des organes de facultés ;

3° *La force spirituelle,* constituée par les fluides spirituels, qui sont les êtres déitaires-humains du moi et archangéliques ou déitaires-humains des astres moteurs des organes de facultés, selon le degré d'élévation de l'âme humaine ;

4° *L'essence spirituelle* d'où émane la *vie une* des deux âmes complémentaires, qui est la collectivité déitaire-humaine résidant en un astre déitaire-humain, *moi-limite* du couple divin.

Ces quatre principes constituent le réceptacle de *l'esprit divin* que la Kabbale appelle Neschamah.

Dans le bouddhisme :

1° *Manas* correspond à { 1° la forme exté[re] animique,
2° la forme organique spirit[lle]

2° *Boudhi* correspond à | 3° la force spirituelle,

3° *Atma* est | 4° l'essence spirituelle.

En récapitulant les neuf principes du composé terrestre humain, nous avons :

1° la forme matérielle ou corps terrestre . . }
2° la forme fluidique terrestre . . . . . . } corps
3° la forme lumineuse terrestre . . . . . }
4° la forme fluidique angélique. . . . . . }
5° la forme lumineuse angélique . . . . . }
6° la forme extérieure animique ou corps de } âme
   l'âme . . . . }
7° la forme organique spirituelle . . . . . }
8° la force spirituelle . . . . } esprit
9° l'essence spirituelle . . . . }

Le corps humain angélique comprend sept principes :

1° le corps angélique . . . . | corps
2° la forme fluidique angélique. . . . . . |
3° la forme lumineuse angélique . . . . . } âme
4° la forme extérieure animique . . . . . |
5° la forme organique spirituelle . . . . . }
6° la force spirituelle . . . . } esprit
7° l'essence spirituelle . . . . }

Enfin, l'âme humaine dégagée de toute corporéité, c'est-à-dire l'âme déitaire-humaine, comprend :

1° la forme extérieure de l'âme ;
2° la forme organique spirituelle ;
3° la force spirituelle ;
4° l'essence spirituelle.

L'âme déitaire-angélique. — L'âme déitaire-humaine devient déitaire-angélique lorsque son *moi* s'est transformé en astre divin-spirituel. Elle reçoit ses éléments de vie d'une collectivité divine, résidant en un astre divin-spirituel, moi-limite du couple divin-divin, archétype du couple déitaire-angélique.

L'ego ou conscient supérieur de l'être déitaire-angélique est un être divin-spirituel.

L'âme déitaire-archangélique. — Lorsque le *moi* du déitaire-angélique s'est transformé en astre divin-céleste, l'âme est classée déitaire-archangélique. Elle reçoit ses éléments de vie d'une collectivité divine résidant en un astre divin-céleste, moi-limite du couple divin-divin, archétype du couple déitaire-archangélique.

L'ego ou conscient supérieur du déitaire-archangélique est un être divin-céleste.

L'âme divine. — L'âme archangélique entre dans le plan divin et devient âme divine lorsque son *moi* s'est transformé en astre divin-divin. Son ego ou conscient supérieur est divin-divin ; la collectivité d'où émane son principe de vie est divine-divine et réside en un monde divin-divin, moi-limite d'un couple divin-divin, archétype de l'âme divine. Tous les principes constitutifs de l'âme divine sont des *divins-mêmes*, et quelle que soit la grandeur puissantielle atomique de sa substance, elle est *une* avec l'infinité des êtres divins qui forment la *vie*, l'*âme* et la *substance* d'un seul et unique Dieu.

Toutefois, le principe même de l'existence de l'être et de la substance étant le principe ternaire dont l'origine est dans :

1° L'*Unité* qui exprime l'*être ;*

2° La *Dualité*, résultant du double principe masculin et féminin, générateur de la *Vie* et manifesté par le couple d'âmes complémentaires ;

3° La *Trinité* qui représente le produit ou création du couple, par la concentration de sa vie *une* dans son moi-limite principe de la substance ;

il résulte que le divin, qui est le contenant de tous les principes et qui les manifeste tous, réalise également le ternaire dans son unique plan d'existence d'être divin et de substance divine, savoir :

1° La *Trinité* ou création représentée par le moi-limite et qui est triple, en effet, puisque les trois séries d'astres, résidences des trois catégories d'êtres déitaires, reçoivent leur vie rectrice immédiate du couple divin dont ils représentent le moi-limite ; le couple divin doit donc, dans son action régulatrice, manifester les caractères correspondant au type déitaire dont l'astre est la résidence.

2° La *Dualité* de principe, masculin et féminin, ou couple divin considéré dans son action créatrice, déterminative par conséquent d'un type divin correspondant au type déitaire, d'où :

(a) Le couple *divin-naturel*, dont le moi-limite est un astre déitaire-humain ;

(b) Le couple *divin-spirituel*, dont le moi-limite est un astre déitaire-angélique ;

(c) Le couple *divin-céleste*, dont le moi-limite est un astre déitaire-archangélique ;

3° L'*Unité* d'être, qui est le *divin-divin* ou *divin-même* englobant tous les modes de manifestation de la vie divine.

TABLEAU SÉRIAIRE
DES PRINCIPES CONSTITUTIFS DE L'ÊTRE INTÉGRAL

NATURE DE L'ÊTRE	ASTRE FORMANT LE *moi* DE L'AME	COLLECTIVITÉ ASTRALE GÉNÉRATRICE DU PRINCIPE DE VIE DE L'AME	COUPLE ARCHÉTYPE des deux âmes complémentaires, dont le Moi-limite est l'astre de la collectivité génératrice du Principe de vie de ces deux âmes.	AME CORPORELLE DE L'ASTRE DU MOI-ANIMIQUE OU CONSCIENT SUPÉRIEUR
Ame minérale.	Soleil humain.	Humanité harmonse.	Déitaire-humain.	Ame humaine.
Ame végétale.	Astre (1) angélique.	Angélité.	Déitaire-angélique.	Ame angélique.
Ame animale.	Astre archangélique.	Archangélité.	Déitaire-archangéliqe	Ame archangélique.
Ame humaine.	Astre déitre-humain.	Déité-humaine.	Divin-naturel.	Déitaire-humaine.
Ame angélique.	Astre déitaire-angélique.	Déité-angélique.	Divin-spirituel.	Déitaire-angélique.
Ame archangélique.	Astre déitre-archangélique.	Déité-archangélique.	Divin-céleste.	Déitaire-archangéliqe
Ame déitaire-humaine.	Astre divin-naturel.	Divinité-naturelle.		Divine-naturelle.
Ame déitaire-angélique.	Astre divin-spirituel.	Divinité-spirituelle.	Divin-divin	Divine-spirituelle.
Ame déitaire-archangélique.	Astre divin-céleste.	Divinité-céleste.	ou	Divine-céleste.
Ame divine.	Astre divin-divin (2).	Divinité-divine.	Divin-même (2)	Divine-divine.

(1) Il est à remarquer que, au-dessus du plan terrestre, tout astre central d'un système est un soleil par rapport aux autres astres du système qu'il dirige.

(2) Le divin-divin constitue le *Nirvâna* des bouddhistes ; c'est le retour de la création dans le sein du Créateur même de qui elle vient. Tout étant divin dans les principes constitutifs de l'être divin, celui-ci communique directement avec toutes les natures divines des grandeurs

LE MOI HUMAIN

Le *moi-humain* ou astre déitaire-humain, qui synthétise et résume l'âme, est également soumis au ternaire, principe d'existence de l'être et de la substance, savoir :

1° L'*Unité* exprimant l'être ou unité du *moi*, constituée par son *ego supérieur* :

L'astre considéré comme *unité d'être astral* est un être corporel personnifié par son âme corporelle, car l'astre ne peut pas être considéré comme unité d'être spirituel, puisqu'au point de vue spirituel il formule seulement la loi de vie collective des êtres dont il est la résidence, lesquels êtres représentent son âme collective ainsi que nous l'avons expliqué dans notre *Anatomie de la Terre* (p. 9). Par conséquent, l'astre déitaire-humain est personnifié par son âme corporelle qui est un être déitaire-humain ; mais cet être, en personnifiant l'astre déitaire-humain, qui est un moi-humain, personnifie également dans un plan supérieur, l'être humain dont cet astre est le moi, puisque le moi synthéthise et résume l'être.

Cet être déitaire-humain est donc l'ego supérieur, la conscience intime et suprême de cet être humain; en effet, lorsque antérieurement à la naissance de cette âme, son futur *moi* n'était qu'en puissance dans un germe d'astre ovulique, l'âme déitaire-humaine, alors âme minérale, était le

puissantielles, inférieures et supérieures à la sienne, formant ainsi une seule unité divine infinie, constitutive d'un seul et unique Dieu infini.

Le couple divin ou être intégral, tout en gardant son individualité d'être par laquelle subsiste d'ailleurs le plan divin d'existence de la grandeur puissantielle a laquelle il appartient, fusionne donc intimement : 1° avec les ères divins de la collectivité astrale divine d'où émane son principe de vie et dont il représente la dualité de forme animique dans un plan d'existence de grandeur inférieure ; 2° avec le couple divin-divin, son archétype ; 3° avec les deux âmes divines-divines complémentaires, dont chacune représente leur ego ou conscient supérieur personnel.

Entendu ainsi, le *Nircâna* qui est l'absorption en Dieu, loin de constituer l'abolition de la personnalité, signifie au contraire l'entrée de celle-ci dans le plan de *l'existence Divine Une* : « *Tout est accompli. Je suis l'Alpha et l'Oméga, le commencement et la fin* ».

principe de vie du germe pollénique qui féconda ce germe ovulique pour produire une graine d'astre, laquelle devint astéroïde, puis astro humain et soleil, moi de l'âme minérale que fut à sa naissance l'âme aujourd'hui humaine. L'être déitaire-humain, alors âme minérale, était donc vraiment le centre de conscience ou d'existence de ce moi en germe, germe ovulique, comme il est aujourd'hui le conscient supérieur et intime de ce moi devenu humain : il en représente réellement l'existence antérieure et supérieure, lui maintenant en son *intime* l'unité d'être, en opposition à la dualité de principe qu'il représente en son âme. C'est, d'ailleurs, par l'être déitaire-humain, vie ou âme corporelle du *moi*, que l'âme humaine est constituée en *unité*, puisque sans le *moi* qui dirige les astres moteurs de l'esprit animique, par son attraction régulatrice s'exerçant au centre du cerveau, toutes les forces vives génératives de l'être s'échapperaient en tous sens et la personnalité humaine ne saurait exister ;

2° La *Dualité* de principe. Cette dualité est représentée dans le *moi* par la collectivité déitaire-humaine, masculine et féminine, dont le *moi*, astre déitaire-humain, est la résidence. Ces êtres déitaires-humains sont les éléments fluidiques de la pensée intime ou pensée du moi-humain.

3° La *Trinité* ou création résultant de la pensée collective sociale ou *Idée* de la déité-humaine *créatrice* des organes de faculté du moi, ainsi que nous l'avons expliqué plus haut (p. 29).

L'âme humaine, comme nous l'avons déja dit, est constituée dans son organisme pensant par une série d'organes ou appareils servant chacun à l'exercice d'une faculté de l'être ; ces appareils, qui reçoivent leur activité de l'astralité motrice spirituelle, sont en relation avec des organes de facultés correspondants, centralisés dans le *moi-humain*. Mais si dans le *moi* on ne considérait que les appareils ou instruments *passifs*, par lesquels les facultés pensantes se manifestent sous l'influence des courants fluidiques psychiques *actifs*, il manquerait à cet ensemble un centre d'action *régulatrice :* ce centre est l'Intime de l'être, son ego ou conscient supérieur.

En effet, si la conscience n'était qu'un simple organisme relevant du *moi* et si ce moi-intime n'était également qu'un simple appareil, comment pourrions-nous faire appel à notre conscience pour scruter et juger la valeur morale de nos actes? D'ailleurs, outre qu'un instrument, quelque perfectionné qu'il soit, ne peut remplir une si haute fonction, nous ne saurions lui demander en même temps, un témoignage et un jugement, notre témoignage n'étant pas recevable en notre propre cause. Ce *moi intime et supérieur*, vie de l'astre représentatif de notre *moi* personnel, est le déitaire-humain, notre ego supérieur qui témoigne, à chaque appel que nous lui adressons, par l'intermédiaire de l'organe de la conscience : c'est alors que nous jugeons suivant notre développement moral, mais si le jugement est vicieux le témoignage est véridique car : « *le témoin fidèle ne ment point* ». — « *Voici ce* « *que dit celui qui est la vérité même, le TÉMOIN* « *fidèle et véritable, le principe des œuvres de Dieu :* « *— Me voici à la porte et j'y frappe : si quelqu'un* « *entend ma voix et m'ouvre la porte, j'entrerai chez* « *lui et je souperai avec lui, et lui avec moi* ».

L'être déitaire-humain, *ego supérieur* de l'âme humaine *masculine*, est un déitaire-humain *féminin* dont le complémentaire *masculin* est l'*ego supérieur* de l'âme *féminine* complémentaire de cette âme humaine *masculine;* d'autre part, le couple divin naturel, archétype de ce couple d'âmes humaines, est l'*ego supérieur* du couple déitaire-humain, lui-même *ego supérieur* de ces deux âmes humaines complémentaires : l'être divin naturel *masculin* est l'*ego supérieur* du déitaire-humain *féminin*, et l'être divin naturel *féminin* est l'*ego supérieur* du déitaire-humain *masculin.*

L'origine de cette constitution de l'être remonte à la création de l'âme et de la substance, attendu que l'âme minérale, considérée comme germe pollénique appelé à féconder un germe ovulique, n'est pas choisie arbitrairement, elle est au contraire désignée de toute antériorité ou éternité pour cette fécondation. Nous avons vu, en effet, que le *moi-limite* d'un couple humain est un germe d'astre ovulique ou *astre minéral;* or, la minéralité, âme collective de cet astre minéral est, comme toute collectivité astrale d'êtres, génératrice du double principe de vie, masculin et féminin, lequel anime un *double germe* d'âmes complémentaires, représenté par deux germes d'astres ovuliques, *moi futurs* des deux germes d'âmes, dont un couple complémentaire humain est l'archétype; d'autre part, ce couple humain est l'*ego supérieur* ou conscience *inconsciente* de deux âmes minérales complémentaires, et c'est précisément ces deux âmes minérales qui sont appelées à féconder les deux germes ovuliques représentant les *moi* futurs de ces deux germes d'âmes.

L'âme minérale *féminine* féconde le germe ovulique,

futur moi de l'âme *germinale masculine*, dont elle sera un jour *l'ego supérieur* et dont l'archétype est l'être humain *masculin* qui est son ego supérieur; et l'âme minérale *masculine* féconde le germe ovulique, *futur moi* de l'âme germinale *féminine* complémentaire, dont elle sera *l'ego supérieur* et dont l'archétype est l'être humain *féminin* qui est son *ego supérieur*.

Afin de faciliter la compréhension de ces explications, nous avons figuré par un schéma l'ensemble des actions se rapportant à la constitution et à la création de l'être et de la substance (page 55).

L'*ego* ou conscient supérieur est donc bien le Logos, le Verbe de Dieu, l'Idée manifestée, puisque c'est lui qui crée en fécondant par l'âme minérale, germe pollénique, le germe ovulique, futur *moi* d'une âme germinale : C'est cette période de séparation des principes ou des germes avant la fécondation, qui est signifiée par ces paroles : « *Au commencement les ténèbres* » *couvraient la face de l'abîme; l'Esprit de Dieu était* » *porté sur les eaux* ». Puis : « *Dieu dit que la* » *lumière soit et la lumière fut* » ; parole qui exprime l'accomplissement de l'acte de la fécondation ou réunion des principes const'tuant la graine d'astre, période qui correspond à la transformation d'une planète en soleil, dont les graines d'astres forment les grains lumineux solaires (1).

Dans l'Humain primitif, c'est-à-dire dont l'âme est récemment sortie de l'animalité, le *moi* seul est un astre déitaire-humain, les astres moteurs de l'organisme spirituel sont encore des astres archangéliques, *moi* d'âmes animales. Il faut voir, par conséquent, l'âme humaine primitive, *unité de série* d'âmes animales, et dans ces conditions, il est compréhensible que les êtres humains de cette catégorie manifestent toute la cruauté, tout l'égoïsme et tous les vices inhérents à l'animalité, avec le surcroît d'énergie et de ruse que permet leur intellect plus développé.

Au fur et à mesure que l'âme humaine grandit, le *moi* se perfectionne et les astres moteurs de l'organisme spirituel se transforment en astres déitaires-humains; mais ce transformisme est excessivement long et s'accomplit parallèlement au développement des facultés animiques, lequel nécessite forcément une expérience qui ne s'acquiert qu'au prix d'épreuves et de souffrances nombreuses et profondes.

(1) Aussi étrange que puisse paraître au premier abord cette constitution de notre personnalité, nous sommes persuadé qu'après réflexion, après avoir sondé l'infini des profondeurs de son intime, tout esprit philosophique et rationnel saisira la vérité de notre exposé.

Le couple d'âmes complémentaires humaines recevant sa vie du double principe masculin et féminin émané d'une collectivité déitaire-humaine, résidant en un astre déitaire-humain *moi-limite* d'un couple divin naturel, celui-ci est véritablement le créateur dans le plan extrême de la limite terrestre du couple humain, son image dans ce plan. Ce couple humain est figuré à l'origine par l'Adam et Ève de la Genèse, et les longues et douloureuses étapes de son développement spirituel sont mystiquement indiquées par les noms formant la généalogie du Christ, fils d'Adam, fils-de Dieu : c'est par les larmes et le sang, par les souffrances sans nombre, crucifiant le corps et l'esprit, l'esprit surtout, en détruisant jusque dans ses racines les plus profondes, l'égoïsme et l'esprit de domination, que s'accomplit par le moyen et la vertu de la Passion du Fils de Dieu, l'acte de la Rédemption après lequel il est enlevé au Ciel et assis à la droite du Père.

En même temps que l'âme humaine a transformé son *moi* en astre déitaire-angélique, pour devenir âme angélique, les astres archangéliques de son astralité motrice spirituelle sont devenus astres déitaires-humains ; or, comme tout astre déitaire-humain est un *moi*-humain, il résulte que l'âme angélique est le chef d'une série humaine. *L'unité* centrale que représente le *moi* et qui résume l'être est, en effet, plus que la somme totale de tous les *moi* qui constituent son astralité motrice spirituelle : le *moi* central appartenant *toujours* à un plan supérieur à celui des *moi*, astres du système qu'il dirige. En outre, l'astre du *moi* est toujours un *soleil* par rapport aux astres de l'organisme spirituel de l'âme.

La constitution de l'organisme animique humain nous montre que chaque être est une *unité* dont les éléments pensants sont des êtres de grandeur puissantielle inférieure, qui sont les fractions constitutives de cette *unité*. La pensée de l'être sera donc d'autant plus lumineuse, active, intelligente et consciente que les êtres, fractions de cette *unité*, seront eux-mêmes plus actifs, plus intelligents, plus conscients, seront, en un mot, d'un ordre qualifitatif supérieur.

Vision divine. — L'amour ou effort de conjonction des deux âmes humaines complémentaires vers leur Source Unique de Vie, qui est la collectivité Déitaire-Humaine dont ces deux âmes sont la représentation, est donc l'Essence de la Vie de l'Etre ; il est l'Essence même du Divin-Etre, puisque dans sa vérité il réalise l'Union des deux Principes générateurs émanés de Dieu. Il est vraiment le Divin-Amour, car, lorsque par l'amour, le couple d'âmes complémentaires est remonté à son centre commun d'existence, il est *un*, il ne « forme plus qu'une seule chair » ; et malgré la dualité de principe qui le constitue en deux êtres distincts dans le plan de sa manifestation extérieure, il n'a plus, dans l'effusion grandissante de son Divin-Amour (1), que le désir « d'aimer les autres hors de soi, de vouloir » être *un* avec eux et de les rendre heureux par » soi : » — « Afin que tous ensemble ils ne soient qu'un, » comme vous, mon Père, vous êtes en moi et moi » en vous, de même ils ne soient qu'*un* en *nous* ».

Par le Divin-Amour, toutes choses sont dévoilées, tous les mystères, résultats de l'ignorance, sont expliqués et résolus en Vérités lumineuses ; l'être « a droit à l'arbre de vie », et désormais il peut étancher sa soif de comprendre et d'aimer « à la source d'eau vive où il boira gratuitement » : son cœur et sa raison sont satisfaits. C'est ainsi que nous arrivons à la pleine connaissance et conscience de nous-mêmes; et maintenant par les données qui précèdent, nous pouvons pénétrer méthodiquement dans le plus intime de notre être et remonter jusqu'à notre centre de conscience, jusqu'à notre *moi*. Notre personnalité, si complexe dans ses éléments constitutifs, se montre simple, cependant, dans son Unité indestructible, et le *moi* qui la résume et qui jusqu'ici a été considéré comme une abstraction, comme quelque entité insaisissable, même par la pensée, ayant échappé à l'analyse des esprits les plus profonds et les plus scrutateurs, nous apparaît parfaitement délimité dans sa réalité concrète et tangible.

Si, nous reportant aux enseignements que nous avons formulés dans le cours de cette étude, nous considérons les neuf principes formant le composé humain, nous voyons, d'abord, le plan terrestre auquel appartiennent notre corps et nos formes fluidiques et lumineuses terrestres; puis, quittant ce plan, nous

(1) Sur notre terre, comme sur tous les mondes, d'ailleurs, les vérités ne sont enseignées et traduites, par le verbe ou par la musique, qu'autant qu'il existe en ces mondes un certain nombre d'esprits capables de comprendre le langage par lequel une part de ces vérités peut être exprimée. C'est ainsi que pour l'état de compréhension de l'élite intellectuelle terrestre, la traduction musicale de cette effusion d'amour divin a été donnée, jusqu'ici, dans sa plus haute expression par Wagner, dans *Lohengrin* ; bientôt, sans doute, au fur et à mesure de l'élévation des âmes, se révèleront d'autres compositeurs de génie, qui traduiront, dans un mode encore plus transcendant, ces mêmes sentiments d'amour divin, transportant par conséquent l'auditeur dans *un plan d'existence* supérieur. — Chacun, en effet, a pu remarquer que durant l'audition de ces œuvres sublimes, *véritable musique religieuse*, il est transporté dans une région céleste de laquelle il se sent descendre avec la cessation des accords musicaux qui l'y avaient transporté.

entrons dans le plan angélique duquel dérivent nos formes corporelles, fluidiques et lumineuses angéliques. Plus haut et plus intérieurement, nous pénétrons, après avoir traversé le plan archangélique, dans le plan déitaire-humain qui est celui de la substance de notre âme ; nous contemplons, alors, les merveilles de notre organisme animique dont les astres moteurs sont des astres archangéliques ou déitaires-humains, suivant le degré d'élévation de l'âme, résidences des archanges et des êtres déitaires-humains. Nous élevant plus haut et plus intérieurement encore, nous apercevons l'éblouissant soleil représentatif de notre *Moi*, astre déitaire-humain, séjour des Etres Déitaires qui sont les éléments fluidiques de notre Pensée intime ; au centre du soleil du *Moi*, apparaît la forme resplendissante de Beauté, de Bonté et d'Amour de l'Etre Déitaire — (féminin chez l'Homme, masculin chez la Femme ; mais comme ces deux êtres, d'une nature suréminente et contiguë au Divin ne sont qu'Un, ils agissent ensemble aussi bien dans l'âme masculine que dans l'âme féminine complémentaire) — âme corporelle de notre *Moi* (1), qui est par conséquent notre Ego ou Conscient supérieur, l'*Ami* qui ne cesse de nous conseiller et de nous diriger, la *Voix* intérieure qui nous parle et que chacun peut entendre. Il est, comme nous l'avons expliqué, l'Idée manifestée, la Raison personnelle de notre existence, le *Verbe de Dieu ;* « il est la lumière qui éclaire tout homme venant en ce monde », c'est par cette lumière que nous voyons, en pénétrant plus haut et plus intérieurement dans le plan d'existence de notre âme, le courant fluidique spirituel émané de la collectivité déitaire, notre Principe de vie, courant qui se dédouble pour venir : le courant de la collectivité déitaire-masculine, vivifier l'âme humaine-masculine, et le courant de la collectivité déitaire-féminine, vivifier l'âme humaine-féminine complémentaire. Ce courant est « le fleuve d'eau vive, claire comme du cristal, qui coule du trône de Dieu » ; ce trône est l'astre, soleil de pur amour, résidence de la collectivité déitaire, en laquelle se fait la *communion ineffable,* la sainte communion des deux âmes sœurs ressentant la commotion de l'amour solidaire de cette collectivité déitaire, parfaitement unifiée, qui est notre

(1) L'astre et l'être qui est son âme corporelle, appartenant non seulement à des grandeurs puissantielles atomiques et moléculaires différentes, mais encore à des plans d'existence distincts, sont, quoique attachés l'un à l'autre par des liens fluidiques, séparés par des distances incommensurables, bien que paraissant placés dans le même espace ou plan ; ce qui fait que chacun d'eux poursuit, distinctement et sans relation apparente avec l'autre, son existence personnelle dans le plan qui lui est propre.

principe de vie. Cette collectivité déitaire est le Saint-Graal, « la Sainte, la nouvelle Jérusalem qui descend « du ciel, venant de Dieu, parée comme une fiancée » — « elle est toute brillante de la clarté de Dieu », puisque l'astre déitaire reçoit la vie-rectrice du couple divin dont il est le *Moi*-limite. Les deux âmes humaines complémentaires sont, comme nous l'avons dit précédemment, l'image de ce couple divin, lequel est l'ego du couple déitaire qui est notre conscient supérieur, le Verbe Divin en nous.

C'est ainsi que la Sainte Jérusalem « n'a pas besoin « d'être éclairée par le soleil ou par la lune, parce « que c'est la lumière de Dieu qui l'éclaire, et que « l'agneau » — (le Verbe de Dieu, notre Ego) (1) — « en est la lampe ». *(Apocalypse).*

Nous espérons avoir fait pénétrer dans l'esprit du lecteur, la compréhension de ces vérités transcendantes, cependant, si de prime abord la lumière ne se fait pas en lui, qu'il ne se laisse pas décourager s'il a le désir sincère de connaître et de comprendre ; ce

(1) A chacun des plans successifs que nous avons parcouru en faisant l'ascension intérieure de notre être, correspond un plan qualitatif extérieur semblable, qui est le plan de la vie extérieure de l'être ; par conséquent, en même temps que nous découvrons l'Être Déitaire notre *Ego*, l'Agneau ou Verbe de Dieu — âme corporelle de l'astre déitaire qui est le soleil représentatif de notre *Moi* — nous apercevons, dans le plan extérieur correspondant, le couple déitaire dont l'astre ou monde, qui est notre résidence, est le moi-limite. Etant le Principe-Recteur de ce monde, il en est le Christ, le Sauveur ; Il peut dire : « Je suis le cep de la vigne et vous en êtes les branches », — et vraiment, « nous sommes les membres de son corps, formés de sa chair et « de ses os ».

Le Christ extérieur a pour correspondant le Christ en nous, couple déitaire unifié qui est notre ego et celui de notre âme complémentaire : la connaissance de l'un implique la connaissance de l'autre, et cette connaissance, qui illumine notre âme, permet notre développement personnel, suivant lequel « Jésus-Christ est formé en nous ».

Nous devons remarquer que les citations que nous faisons, tant de l'Evangile que des autres livres de la Bible, ne sont point pour donner une autorité à notre œuvre, laquelle est d'ordre purement rationnel et scientifique et n'a nullement besoin de cet appui, mais pour constater que nos théories éclairent et confirment la plupart des enseignements de l'Evangile compris dans leur véritable sens spirituel, aujourd'hui perdu et dénaturé. L'Evangile, en effet, n'est ni enseigné, ni expliqué dans sa vérité, il est simplement et matériellement exploité, comme un riche filon aurifère, par les différentes sectes religieuses dont les chefs se prétendent les représentants et successeurs du Christ et des apôtres, tandis qu'ils ne sont que les héritiers et les tristes continuateurs de Caïphe, des princes des prêtres, des scribes et des pharisiens. La domination néfaste de cette race a, d'ailleurs, été prévue par Paul quand il écrit à Timothée : « Or l'Esprit dit expressément que *dans* « *les temps à venir* quelques-uns abandonneront la foi en suivant des « esprits d'erreurs et des doctrines diaboliques, enseignées par des « imposteurs pleins d'hypocrisie, dont la conscience est noircie de « crimes, qui *interdiront le mariage* et l'usage des viandes, car tout « ce que Dieu a créé est bon ». Mais le jour viendra où le dragon sera enchaîné et jeté dans l'abîme, ce sera l'aurore de l'émancipation spirituelle individuelle et sociale, véritable avènement du règne du Christ.

n'est que par un dur labeur intellectuel que l'on arrive
à la porte de la Ville Sainte, le chemin en est raboteux
et parsemé d'épines, mais avec un cœur simple et
droit, uni à une ferme volonté, la victoire est assurée,
on entre dans le « Saint des Saints ».

LES FLUIDES

Les fluides sont les éléments de vie ou forces constituant le *principe actif*, s'appliquant sur la substance
ou *principe passif*, en vue de produire la résultante
recherchée par le *principe régulateur*, qui a sollicité
l'action du principe actif. Mais, nous le répétons, tout
ce qui manifeste la vie ne peut émaner que de ce qui
est vivant ou porteur de la vie, c'est-à-dire de l'être;
aussi en réalité les fluides sont-ils constitués par des
agglomérations ou *courants* d'êtres dans l'exercice de
leur activité extérieure, se déplaçant dans les différents
plans que comporte leur nature et transportant, chacun
dans leur nouveau milieu, ce qu'ils ont acquis dans les
précédents.

On peut s'imaginer, par exemple, le courant fluidique spirituel que forme le déplacement incessant des
êtres humains allant de ce monde dans l'autre monde
ou monde angélique par la mort, et du monde angélique dans celui-ci par la naissance ou réincarnation :
courant fluidique spirituel capable de produire des
résultats d'autant plus actifs et plus élevés que les
êtres humains qui le composent sont de plus haute
valeur et possesseurs des qualités artistiques, affectives
et intellectives les plus développées.

L'atome fluidique ou principe élémentaire du fluide
est constitué par l'être dans son activité extérieure,
tandis que nous avons vu la substance formée dans son
principe moléculaire, par les astres moteurs de l'organisme spirituel de l'âme de l'être.

Dans la grandeur puissantielle où l'astralité animique
est constitutive d'une substance, l'être porteur de cette
astralité est un des atomes fluidiques vivifiant cette
substance; mais considéré dans sa fonction atomique
fluidique, l'être appartient à une grandeur puissantielle
inférieure à celle qu'il forme comme substance, par
conséquent le fluide et la substance sont les deux modes
ou aspects sous lesquels l'être manifeste son existence.
En résumé, le fluide où l'énergie exprime l'être dans
sa volonté agissante, il est l'être dans le mode *actif*;
la matière ou résistance représente l'être dans le mode
passif, c'est-à-dire considéré seulement dans son organisme spirituel, instrument au moyen duquel l'esprit

reçoit lui-même ses éléments d'activité. La matière ne peut être perçue que par les fluides qui la caractérisent dans les diverses qualités ou expressions capables de nous révéler son existence, c'est-à-dire en apportant à nos sens des impressions au moyen desquelles notre cerveau conclut à sa réalité; ainsi sans le fluide calorique ou fluide du toucher et le fluide visuel ou fluide de la vue, les fonctions tactiles et visuelles ne pouvant s'exercer, la matière serait inexistante pour l'être qui n'en recevrait aucune impression sensorielle. Mais des explications qui précèdent, il résulte que tout est fluide, tout est être, et c'est par ces communications d'êtres à êtres que sont dues toutes les manifestations fluidiques et notamment la perception du mode passif ou substantiel de l'être, origine de la matière.

Tous les corps contiennent donc en puissance de *l'énergie*, puisque leur substance constituante est elle-même formée dans son unité moléculaire par des êtres dont la volonté, quoique paraissant non formulée pour notre plan d'existence, est toujours agissante dans le plan de leur grandeur puissantielle; cette volonté se manifeste, d'ailleurs, également pour nous, dans des conditions déterminées, transformant ainsi l'énergie potentielle ou volonté non perçue dans notre plan, en énergie actuelle ou volonté perceptible par nous. Il existe, par conséquent, autant de séries de fluides que de séries d'êtres; chacune de ces séries se subdivise, en outre, en autant de variétés que l'être, qui caractérise la série, comporte d'organes de facultés à exercer, puisque les fluides sont les agents d'activité de ces organes et que c'est par eux que l'être se manifeste et vit intérieurement et extérieurement.

Nous avons vu que chaque faculté dans le *Moi* de l'âme, a son organisme particulier formé par les sociétés ou nations de la collectivité astrale habitant le Moi; chacune de ces sociétés a son caractère, ses aptitudes spéciales, reflets de la faculté dont elle représente l'organisme fluidique, dès lors il est aisé de comprendre que chaque faculté se manifeste par un fluide qui lui est particulier et qui est constitué par une agglomération ou courant d'êtres similaires à ceux composant cette société, puisque ce courant émane des êtres formant cette société ou organe de faculté. On comprend également que chaque fluide, bien que correspondant à la faculté dont il est l'agent d'activité, contient cependant la série complète de tous les fluides, attendu que chaque être appartenant à un courant fluidique particulier, est porteur en lui de la série de toutes les facultés que possèdent les êtres de cette même catégorie, tout en ayant une dominante qui le

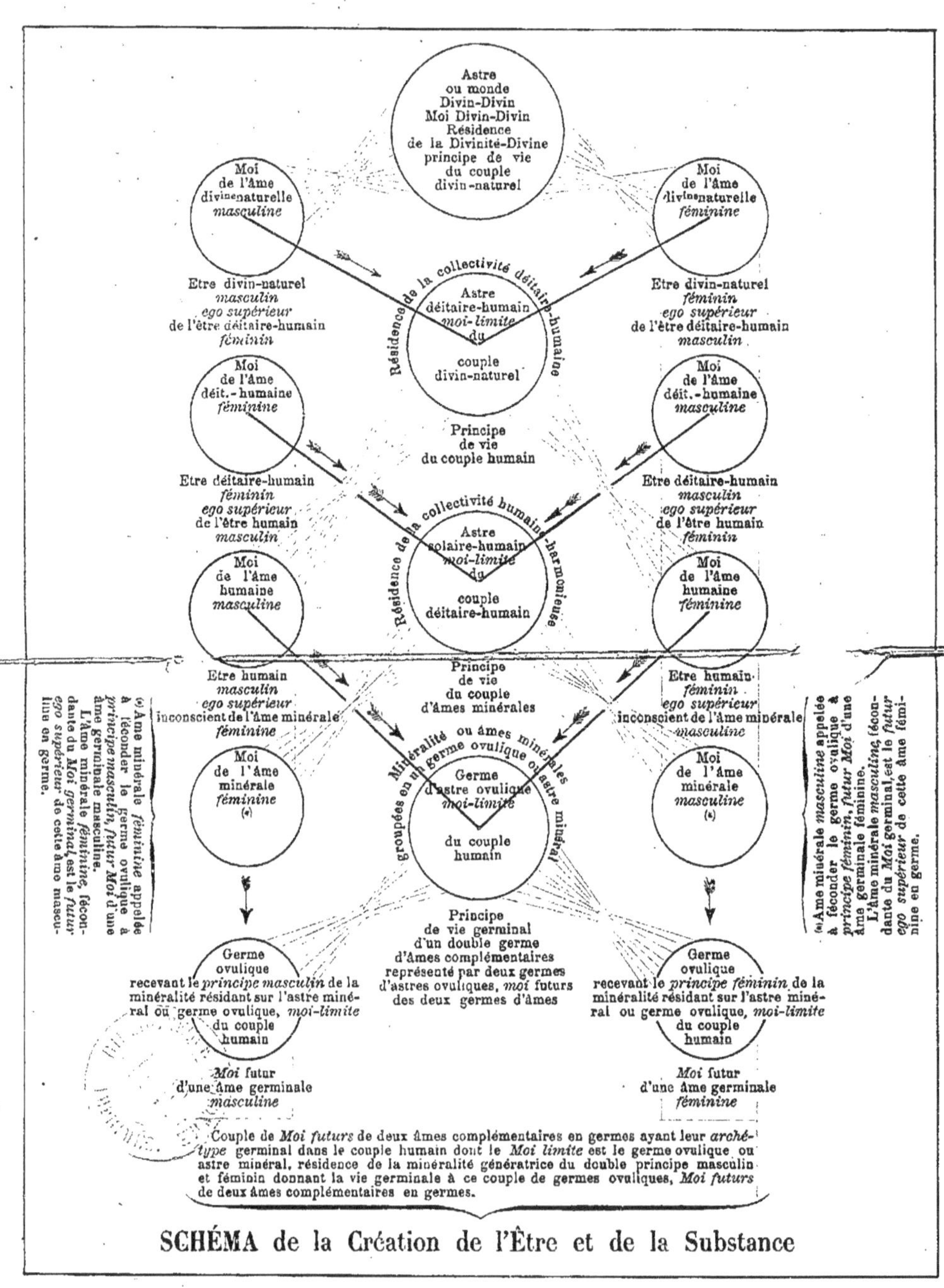

SCHÉMA de la Création de l'Être et de la Substance

classe dans une société ou organisme, de préférence à tout autre ; mais ce classement, pour l'individu, n'est pas immuable, car avec la vie active, c'est-à-dire le travail et la volonté, les facultés se développent sans cesse et chacune, à tour de rôle, est susceptible de prendre une prédominance suivant la culture spéciale dont elle est l'objet, ce qui permet à l'être d'être toujours classé dans l'organisme ou société qui lui correspond : chaque être dans les divers plans de l'existence infinie, est donc le fils de ses œuvres et occupe, exactement, la place qui lui revient dans le grand organisme de l'Etre infini.

TABLEAU SÉRIAIRE

DES FLUIDES VITAUX ET PSYCHIQUES

NATURE DE L'ÊTRE	SUBSTANCE DE L'ASTRALITÉ MOTRICE ANIMIQUE OU SUBSTANCE DE L'AME	ATOMES FLUIDIQUES DE LA SUBSTANCE ANIMIQUE FORMANT LES FLUIDES VITAUX	ATOMES FLUIDIQUES VÉHICULES DE L'ESPRIT OU FLUIDES PSYCHIQUES
Ame minérale.	Mode terrestre ou humain.	Etres ou fluides minéraux.	Etres ou fluides humains.
Ame végétale.	Mode angélique.	Etres ou fluides végétaux.	Etres ou fluides angéliques.
Ame animale.	Mode archangélique.	Etres ou fluides animaux.	Etres ou fluides archangéliques.
Ame humaine.	Mode déitaire-humain.	Etres ou fluides humains.	Etres ou fluides déitaires-humains.
Ame angélique.	Mode déitaire-angélique.	Etres ou fluides angéliques.	Etres ou fluides déitaires-angeliques.
Ame archangélique.	Mode déitaire-archangélique.	Etres ou fluides archangéliques.	Etres ou fluides déitres archangéliques.
Ame déitaire-humaine.	Mode divin-naturel.	Etres ou fluides déitaires-humains.	Etres ou fluides divins-naturels.
Ame déitaire-angélique.	Mode divin-spirituel.	Etres ou fluides déitaires-angéliques.	Etres ou fluides divins-spirituels.
Ame déitaire-archangélique.	Mode divin-céleste.	Etres ou fluides déitres archangéliques.	Etres ou fluides divins-célestes.
Ame divine.	Mode divin-divin.	Etres ou fluides divins.	Etres ou fluides divins-divins.

Nous avons dit que les fluides sont des courants d'êtres, dans l'exercice de leur activité extérieure, se déplaçant dans les différents plans que comporte leur nature ; or, le plan unique d'existence pour l'être minéral, étant le plan terrestre, cet être, dont le déplacement est ainsi limité à un seul milieu, ne peut apporter avec lui aucun acquis provenant d'un plan supérieur, et comme d'autre part l'être minéral est passif et inconscient, ses actions de vie sont purement mécaniques et inconscientes et les fluides minéraux, réflélant cette passivité, sont uniquement les instruments aveugles au moyen desquels les autres fluides sont susceptibles d'exercer leur action sur la matière terrestre. C'est ainsi que la substance matérielle répond avec une rectitude mathématique aux sollicitations des lois naturelles, l'être minéral n'opposant aucune volonté contraire personnelle aux injonctions qui lui sont transmises médiatement par le fluide ou être divin, porteur en soi de la Loi Divine omnisciente.

Les fluides végétaux, étant formés d'êtres végétaux dont le principe de vie est une collectivité angélique, sont susceptibles de former des courants vitaux, puisque l'être végétal appartient au plan angélique, et, bien que son déplacement dans ce milieu ne puisse lui fournir un acquis important, attendu que cet être est encore rudimentaire, le fait même de ce changement périodique de plan crée un courant, par conséquent une force, donnant nécessairement une résultante, laquelle est la mise en mouvement *automatique* des fluides minéraux *passifs*.

Les fluides animaux, formés d'êtres animaux, créent des courants de vie *instinctive* plus ou moins actifs suivant les espèces ; et enfin les fluides humains, lorsque les êtres humains qui les composent sont des âmes *conscientes* et de haute valeur, forment de véritables courants de fluides spirituels par lesquels la Vie peut être acquise réellement ; c'est par eux, lorsqu'ils émanent d'une collectivité harmonieuse, que le couple déitaire-humain peut faire éclore un couple d'âmes complémentaires minérales ; c'est par eux également que le couple complémentaire humain peut donner le principe de vie recteur au germe d'astre, élément primordial de la substance terrestre.

Dans le plan terrestre, nous voyons les fluides minéraux se rendre sous forme de comètes au soleil, moi-minéral qui les attire et les repousse par un mouvement d'inspiration et d'expiration fluidique, analogue à la respiration matérielle des poumons, l'une étant conjointe à l'autre chez tous les êtres.

Les comètes, en traversant les espaces sidéraux, s'assimilent parmi les substances cosmiques qu'elles rencontrent, celles qui correspondent plus particu-

lièrement aux principes dont elles sont porteurs elles-
mêmes, et qui constituent la dominante qualitative les
classant dans une variété fluidique déterminée. Chaque
comète ou élément fluidique est donc formée d'une
substance caractéristique pour chaque type cométaire,
ainsi que le constate l'analyse spectrale ; et, comme
chaque type de matière, ainsi que nous l'avons expliqué précédemment, a une signification spirituelle, la
comète qui est classée dans ce type, correspond à une
idée dans le plan supérieur ou plan déitaire-humain,
archétype du plan terrestre. Par conséquent, chaque
comète ou atome fluidique minéral, doit être considérée comme une messagère chargée de communiquer
aux astres près desquels elle passe, et plus particulièrement au soleil qui *l'aspire*, la pensée dont elle est
l'émanation en forme et qui est inscrite en langage
divin dans les replis de sa propre substance.

Les fluides psychiques de l'âme minérale étant
composés des êtres humains résidant au *Moi*, ainsi que
sur les astres moteurs de l'organisme spirituel animique, et ces êtres étant incapables de se rendre
d'astres à astres pour former des courants fluidiques
spirituels, porteurs de la pensée minérale, celle-ci
demeure non formulée, c'est-à-dire inconsciente ;
d'autre part, les facultés humaines s'exerçant dans le
plan de la substance terrestre étant seulement des
facultés sensorielles, puisque les rapports entre les
êtres vivants dans un plan et la substance constitutive
de ce plan, ne peuvent être que des rapports sensoriels,
les fluides minéraux, qui sont les fluides de la substance
terrestre, ne manifestent que des facultés minérales
inconscientes, correspondant aux facultés sensorielles
humaines.

Tableau sériaire

*des fluides minéraux, agents de manifestation des
facultés inconscientes de l'âme minérale.*

Facultés minérales inconscientes	sensorielles intellectives	Sens du nombre, s'exerçant par le fluide électrique ou électricité dynamique. Sens de la durée, s'exerçant par le fluide magnétique. Sens de l'étendue, s'exerçant par le fluide fulminique ou électricité statique.
	sensorielles affectives	Sens de la vue, s'exerçant par le fluide lumineux. — de la voix — — sexuel. — de l'ouïe — — sonique.
	sensorielles sensorielles	— du toucher — — calorique. — de l'odorat — — odorant. — du goût — — gustatif.

Il y a donc neuf types cométaires, correspondant

chacun à une des catégories de fluides minéraux ci-
dessus spécifiés.

Les fluides humains, fluides psychiques de l'âme
minérale, sont les fluides vitaux de la substance déitaire-
humaine, et comme ces fluides ne doivent manifester
que les rapports sensoriels pouvant s'établir entre
l'être déitaire-humain et la substance déitaire-humaine
qui est celle de son plan d'existence, il résulte que les
fluides humains ou fluides psychiques de l'âme minérale manifestent seulement les facultés sensorielles
déitaires-humaines. — (Voir ci-après, page 59, le
Tableau des Correspondances entre les fluides miné-
raux et les fluides humains).

Chaque être humain, dans le plan terrestre, appartient, comme fluide psychique minéral, à un organe de
faculté minérale et dans le plan déitaire-humain,
comme âme humaine, il est classé dans une catégorie
de fluides, agents d'activité d'une faculté sensorielle
déitaire-humaine. Comme atome fluidique psychique du
moi-germinal qu'est la Terre, chacun de nous, suivant
la dominante spirituelle qui le caractérise, appartient plus
particulièrement à une des neuf catégories de fluides
humains portées au tableau indiqué ci-dessus. Ainsi,
celui dont la dominante spirituelle est l'amour, est un
atome fluidique du courant fluidique sexuel humain ou
courant fluidique psychique *germinal* du moi-germinal;
celui dont la dominante est l'esprit consultatif, c'est-à-
dire est animé dans son intime d'un grand désir actif
de connaître et d'apprendre — l'explorateur par exemple,
que pousse l'esprit de découverte — est classé dans le
courant fluidique calorique *germinal* du moi-germinal.
Il en est de même, si l'on considère l'être humain
comme atome fluidique du courant fluidique psychique
de l'organe de faculté de l'âme minérale dont la Terre
est un des astres moteurs.

Sans : 1° l'amour sexuel incitateur de la reproduction
de l'espèce, et 2° le désir de la connaissance du milieu
qui l'environne et dans lequel il doit puiser les éléments nécessaires au maintien de sa vie corporelle,
l'être primitif et rudimentaire, demeurerait indifférent
et absolument *inerte*, puisqu'il n'aurait pas la passion
sexuelle qui l'excite à sortir de son inertie, ni le sentiment compensateur et régulateur qui le pousse à
connaître le milieu où il vit et à travailler pour le
maintien de son existence.

Le fluide sexuel et le fluide calorique, au moyen
desquels se manifestent ces deux phénomènes d'activité primordiale chez l'être rudimentaire primitif, sont
donc les agents par lesquels s'exercent : 1° l'attraction fluidique sexuelle, génératrice de la gravitation

TABLEAU DES CORRESPONDANCES

entre les fluides minéraux, manifestant les facultés minérales inconscientes ou *fluides vitaux* de l'âme minérale, et les fluides humains, manifestant les facultés humaines conscientes ou *fluides psychiques* de l'âme minérale.

FACULTÉS	FACULTÉS MINÉRALES INCONSCIENTES	FLUIDES VITAUX DE L'AME MINÉRALE ou fluides appropriés à l'exercice des facultés minérales inconscientes	FACULTÉS CORRESPONDANTES HUMAINES CONSCIENTES	FLUIDES PSYCHIQUES DE L'AME MINÉRALE OU FLUIDES HUMAINS
intellectives	Sens du nombre.	Fluide électrique minéral	Esprit d'*unification analogique* de tous les *nombres* ou quantités d'êtres.	Fluide électrique humain
intellectives	Sens de la durée.	Fluide magnétique minéral.	Esprit de *solidarité* reliant chaque unité d'être, condition essentielle de la *durée* des êtres et des choses.	Fluide magnétique humain.
intellectives	Sens de l'étendue.	Fluide fulminique minéral.	Esprit de *série* ou de classement des êtres suivant leur qualité afin de les mettre en groupements harmonieux constitutifs de l'*Etendue*, puisque l'espace est déterminé par les êtres.	Fluide fulminique humain.
affectives	Sens de la vue.	Fluide lumineux minéral.	Esprit de conscience ou de *clarté d'âme*.	Fluide lumineux humain.
affectives	Sens de la voix.	Fluide sexuel minéral.	Esprit d'affection ou *amour*.	Fluide sexuel humain.
affectives	Sens de l'ouïe.	Fluide sonique minéral.	Esprit de compréhension ou d'entendement.	Fluide sonique humain.
sensorielles	Sens du toucher.	Fluide calorique minéral.	Esprit perceptif ou de découverte, désir actif de connaître. (1)	Fluide calorique humain.
sensorielles	Sens de l'odorat.	Fluide odorant minéral.	Esprit distinctif des êtres et des choses.	Fluide odorant humain.
sensorielles	Sens du goût.	Fluide gustatif minéral.	Esprit appréciatif des êtres et des choses.	Fluide gustatif humain.

(1) Le désir de connaître ou « désir de l'instruction, est l'amour », dit *La Sagesse* : l'amour est, en effet, conjoint à la chaleur, car l'amour qui ne s'échauffe pas n'est pas véritablement de l'amour.

universelle, et 2° l'expansion fluidique tactile compensatrice de l'attraction, maintenant l'équilibre entre les divers éléments constitutifs du plan terrestre.

C'est ainsi que chez la planète, le courant fluidique sexuel se rend dans le centre de la Terre aux organes de la reproduction, tandis que le courant fluidique calorique s'échappe extérieurement pour l'exercice de la fonction tactile, au moyen de laquelle l'astre se met en relation avec les autres êtres sidéraux, notamment le Soleil. Le plan d'existence de ces deux courants fluidiques, compensateurs réciproques, est de les mettre constamment perpendiculaires l'un à l'autre ; par conséquent, si par la mise en mouvement d'un mobile on l'enlève à l'action du courant fluidique sexuel, cause de la pesanteur terrestre (voir *Anatomie de la Terre*, p. 51), pour le mettre sous l'action du courant fluidique calorique, on constate qu'aussitôt la cessation de l'impulsion originelle, le mobile accuse une direction tangentielle, perpendiculaire donc à la *verticale ;* et si par l'arrêt subit du mobile, on suspend brusquement la relation des fluides caloriques de sa substance constituante, avec le courant fluidique calorique astral, propagateur du mouvement, par le fait de cette brusque séparation les fluides caloriques du mobile, devenus actifs par la mise en mouvement, manifestent cette activité sur les molécules de la substance de ce corps. C'est ainsi que l'arrêt du mouvement produit de la chaleur, et par action réciproque, la chaleur produit du mouvement.

Il est facile, avec les données qui précèdent, de donner une explication rationnelle de toutes les actions fluidiques vitales et psychiques.

SCIENCE ET RELIGION

La connaissance des principes constitutifs de l'être et de la substance nous amènent à cette conclusion, que les termes de science et de religion sont synonymes, attendu que les lois qui régissent l'être et la substance sont des lois *également* divines et que leurs découvertes ont pour résultat de donner à l'être aussi bien le progrès moral que le progrès matériel : l'un étant le corollaire de l'autre. Aucun progrès matériel social réel, en effet, ne saurait exister, s'il n'y a pas chez les membres de la collectivité un niveau moral suffisant pour permettre l'unification solidaire sociale sans laquelle aucun Mieux n'est possible, ni durable.

Mais ce niveau moral nécessaire ne peut être véritablement atteint que par l'effort intellectuel apportant à l'être la pleine conscience de sa personnalité et lui révélant, avec les lois qui régissent la matière et l'esprit, le but réel de son existence d'être d'où procèdent les conditions d'évolution générative de son progrès individuel (1); car la morale variable, que l'on enseigne suivant les lieux et les circonstances et dont la plupart des maximes ne reposent que sur des préjugés et des erreurs, fruits d'excitations cérébrales morbides associées à une *savante* ignorance qui, de parti pris, méprise le Vrai pour se complaire dans le Faux, n'est qu'un masque pour annihiler l'individu pensant et en faire, par l'asservissement de sa conscience, un instrument pour le maintien d'une domination toute temporelle perpétuant le règne de Satan sur la terre : « Souvent ce qui est grand aux yeux des « hommes est en abomination aux yeux de Dieu ». L'enseignement de cette prétendue morale, toute de surface d'ailleurs, a, le plus souvent, pour résultat dans son action néfaste, de retarder le développement de l'âme par une constante incitation à se couvrir du manteau hideux de l'hypocrisie.

Comme nous l'avons expliqué et comme chacun du reste en est personnellement convaincu par simple réflexion, le domaine de l'existence de l'être est double ; il est intérieur par la vie de sa pensée, et extérieur par l'exercice de sa vie de relation.

Les lois concernant l'exercice de la vie extérieure sont plus particulièrement du ressort de l'intelligence ou de la *sagesse*, et font l'objet d'études et de recherches dont l'ensemble constitue la science.

La connaissance des lois relatives à l'exercice de la vie intérieure appartient à *l'amour* qui est la vie intérieure de l'être, puisque l'intensité grandissante de l'amour conjoint plus profondément les deux âmes complémentaires, masculine et féminine, et les rapproche davantage, par cette conjonction, de la source unique de leur vie commune, laquelle est l'essence spirituelle émanant du couple divin leur archétype par la collectivité astrale déitaire-humaine, et facilite par conséquent, en chacune d'elle, une plus complète réception de cette vie (page 26).

L'amour est donc le lien réel qui nous attache à notre archétype divin. L'ardeur de ce pur, chaste,

(1) « Le commencement de la sagesse est le désir sincère de l'ins- « truction ; le désir de l'instruction est l'amour. C'est ainsi que la « sagesse conduit au royaume éternel ». (*La Sagesse* VI).

véritable et éternel amour, est la force toute puissante qui nous fait monter jusqu'à la droite du Père, c'est-à-dire dans le plan divin ; c'est cet amour, dont le sentiment et la compréhension nous donnent le vrai bonheur — le bonheur des élus — qui constitue le trésor où est notre cœur, les biens que rien ni personne ne peuvent nous ravir; il est le vrai pain de vie, c'est en lui que nous pouvons puiser l'énergie et le courage nécessaires à l'accomplissement du devoir *total* dans l'exercice de la vie extérieure : devoir qui est la *solidarité* complète, absolue, ou l'amour du prochain, « commandement qui résume la loi et les prophètes ». C'est ainsi que l'Amour est la véritable et unique religion, et « celui qui n'aime point, ne connaît « point Dieu, car Dieu est amour ».

Si l'amour des deux âmes complémentaires est la conjonction interne de *deux* en *un*, l'amour du prochain est l'application stricte de la loi de solidarité qui tend à conjoindre, extérieurement, les membres de la collectivité pour les former en une *unité* sociale parfaite. L'étude de la loi de solidarité humaine relève de la science sociale qui a pour objet l'organisation des sociétés ; mais nous n'étudierons pas ici les principes de cette organisation, lesquels feront l'objet d'un travail ultérieur; nous rappellerons seulement ce que nous avons dit ci-dessus (page 27), que chaque être humain étant un atome fluidique psychique dans un organe de faculté animique minérale, c'est dans l'étude de l'organisme pensant, que nous devons puiser les éléments capables de nous diriger scientifiquement, pour l'établissement et le fonctionnement d'institutions sociales devant répondre aux besoins et aux aspirations de l'Humanité. C'est là, uniquement, que nous trouverons les principes du véritable socialisme générateur, par la science et l'amour, du bonheur social.

FIN

TABLE DES MATIÈRES

Imprimerie typographique et lithographique A. WATEL, à Brioude (Haute-Loire).

Documents manquants (pages, cahiers...)
NF Z 43-120-13

www.ingramcontent.com/pod-product-compliance
Lightning Source LLC
Chambersburg PA
CBHW061254060726
47596CB00002B/588